从小爱吃的<small>的</small>粤菜

Favorite Cooking in Your Life

100款精美家常菜
100个想家的理由

● 方敏 编著

闲暇时光贴心茶
甜蜜温馨靓糖水
温润熨帖养颜粥
魅力永葆滋养汤
开心日子美味菜

BOOK

广东旅游出版社
GUANGDONG TRAVEL AND TOURISM

图书在版目录（CIP）数据

从小爱吃的粤菜 / 方敏编著.
-- 广州 ：广东旅游出版社，2011.5
ISBN 978-7-80766-236-5

Ⅰ.①从… Ⅱ.①方… Ⅲ.①菜谱-广东省
Ⅳ.①TS972.182.65

中国版本图书馆CIP数据核字（2010）第175002号

策划编辑：姚　芸
责任编辑：方　敏
装帧设计：邓传志
责任校对：李瑞苑　刘光焰　韩裕蓉
责任技编：刘振华

图片摄影：何文安　张继强　詹畅轩　冼国鹏　蒋振强
　　　　　曾艳阳　赖向华　阿　玲　平君纬纬
　　　　　吴　剑　吴凯文　谢晓丹

广东旅游出版社出版发行
（广州市中山一路30号之一　　邮编：510600）
邮购电话：020-87347994

广州市岭美彩印有限公司印刷
（广州市荔湾区花地大道南　海南工商贸区A幢）

广东旅游出版社图书网
www.tourpress.cn

889毫米×1194毫米　　24开　　$5\frac{1}{3}$印张　　35千字
2011年5月第 1 版第 1 次印刷
定价：23.00元

鸡蛋那些事儿

　　记得小时候家里很穷，但节俭的妈妈总是舍得买很多鸡蛋来做菜。依她的说法就是，鸡蛋是个好东西，多吃长身体，长智慧。于是，关于吃，我的记忆里全是鸡蛋，什么水煮蛋，蒸鸡蛋，荷包蛋，蛋炒饭，葱花炒蛋等等。现在，鸡蛋做菜早已成了妈妈生活的一部分，而她也常常用这种方法来唤醒我的记忆。每次我过年回家，她总会边做边说："你不记得了，你小时候就是多吃鸡蛋才长得这么高大，变得这么聪明的。""你结婚了，做妻子、做妈妈了，别忘了让你的孩子多吃鸡蛋，它可是好东西呀！"如此一说，我总是两眼红红，所有儿时温馨、幸福的记忆都回来了。

　　鸡蛋的那些事儿还在延续着，结婚以后我最擅长的也是用鸡蛋做菜。当然，为了让家人吃得更美味、更营养，我也不断地在鸡蛋中增加了许多科学佐料。如将鸡蛋和虾仁一块炒，补钙又壮阳，美其名曰"夫妻菜"，深获先生的欢心；在炒鸡蛋的时候放点花椒，有温中除湿的功效，特别适合潮湿的天气食用；鼻炎犯了，就用辛夷花来煲鸡蛋，能祛风通窍，既满足了口腹之欲，又治了毛病，一举两得……鸡蛋不愧是个好东西，可以做出N种菜式，让我和家人吃得津津有味。

　　其实，只要我们对吃十分认真和用心，天下美味之物又岂止是鸡蛋？用心去做，用心去吃，再普通的食材也会令你回味无穷，幸福满满。

温润熨帖养颜粥

甜蜜温馨靓糖水

闲暇时光贴心茶

开心日子美味菜

鲫鱼蒸鸡蛋

【材料】

鲫鱼1条（约400克），鸡蛋2个，料酒、柠檬汁、葱丝、姜丝、盐、鸡精、胡椒粉、香油各适量。

鸡蛋

胡椒

【做法】

①鲫鱼宰杀洗净，放入大碗中，加少许料酒、柠檬汁和葱丝、姜丝，入蒸锅蒸5分钟。

②鸡蛋打入碗中，加适量清水，调入盐、鸡精、胡椒粉搅拌均匀，倒入蒸好的鲫鱼中，再上锅蒸10分钟左右至熟，出锅，淋入香油即可。

【科学指导】

鲫鱼有健脾利湿、和中开胃的功效，很适合胃口不好、食欲不佳者食用。鸡蛋中的蛋黄含有丰富的DHA和卵磷脂等，有助于大脑神经系统的发育，并能增强机体的代谢、免疫功能。

厨艺升级

秋冬季节可以做萝卜丝鲫鱼汤，不仅可以化痰止咳、开胃消食，还可以提高人体免疫力和预防感冒。

虾仁拌芹菜

春季气候干燥，常吃些芹菜有助于清热解毒，祛病强身。肝火过旺、皮肤粗糙及经常失眠、头疼者可适当多吃些。

【材料】
芹菜300克，干虾仁、春笋各20克，盐、料酒、花椒各适量。

芹菜

【做法】
①干虾仁用开水浸泡软；芹菜去叶洗净，切段；春笋剥壳洗净，切段。
②烧热锅下油，下花椒炸香后捞出，留花椒油待用。
③将芹菜段、春笋段"飞水"后与虾仁同放入热油锅中，下盐，溅料酒，淋入热花椒油拌匀即可。

虾仁

【科学指导】
虾仁含有丰富的蛋白质以及钙、磷等多种营养成分，且肉质松软，易消化，对身体虚弱以及病后需要调养的人是极好的食物。芹菜含铁量较高，能补充女性经血的损失，经常食用还能使目光有神，头发黑亮。

开心日子美味菜

葱爆羊肉

【材料】

羊肉500克，大葱100克，蛋清1个，酱油、水淀粉、料酒、盐、香油各适量。

大葱

【做法】

①羊肉洗净、切片，"飞水"，用蛋清和少许盐、水淀粉抓匀；大葱洗净切段。

②碗中放入适量的酱油、料酒、盐和水淀粉，搅匀兑成芡汁。

③烧热锅下油，放入羊肉片、葱段爆炒片刻，倒入芡汁迅速翻炒至熟，淋上香油，翻炒几下即可。

羊肉

【科学指导】

羊肉有"暖中补虚，健脾开胃，养肝明目"等功效，常吃对增强体质和提高抗病能力十分有益。大葱能去除荤、腥、膻等油腻厚味及菜肴中的异味，还有较强的杀菌作用。

养生有道

俗话说："冬吃羊肉赛人参，春夏秋食亦强身。"夏天吹空调、吃生冷瓜果、喝冰镇饮料等容易使脾胃受寒，适当吃些羊肉可祛湿气，避寒冷，暖胃生津，保护肠胃。

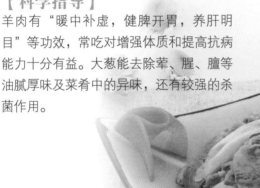

茄汁黄瓜

美丽分享

黄瓜把儿味道苦涩，但却是个好东西。它富含排毒养颜功效的葫芦素C，用黄瓜把儿切片对面部进行贴敷，能防治青春痘。

【材料】

黄瓜450克，鸡蛋2个，面包屑适量，番茄酱50克，盐、面粉、白糖各适量。

【做法】

①黄瓜去皮，切滚刀块，用少许盐略腌；鸡蛋打入碗内，加少许盐搅匀。

②把腌好的黄瓜片两面裹满面粉，在蛋液里蘸一下，然后埋在面包屑中，稍用力按压，使黄瓜片裹满面包屑。

③烧热锅下油，将裹有面包屑的黄瓜片逐一下锅，炸至呈金黄色时捞出沥油，码盘。锅留底油烧热，倒入番茄酱以及少量清水、白糖、盐，搅匀烧开，浇在黄瓜排上即可。

【科学指导】

黄瓜营养丰富，黄瓜酶有很强的生物活性，能促进机体的新陈代谢。鸡蛋里维生素A的含量很高，常吃对视力健康有益。

黄瓜

鸡蛋

开心日子美味菜

鹌鹑蛋煮黄鱼

鹌鹑蛋

黄鱼

【材料】

鹌鹑蛋6个，黄鱼（又名黄花鱼）1条（约350克），葱段、姜片、红辣椒、盐、料酒、酱油、水淀粉各适量。

【做法】

①将鹌鹑蛋煮熟，去壳；黄鱼去鳃、鳞，除内脏，洗净后切块，用水淀粉抓匀；红辣椒洗净切碎。

②锅内下油烧热，下黄鱼块，用小火煎至两面金黄色盛起。

③锅内加足量清水，放入葱段、姜片、红辣椒碎、盐、料酒、酱油及煎好的黄鱼块，先大火烧开，再转小火煮至鱼熟，下鹌鹑蛋稍煮即可。

【科学指导】

鹌鹑蛋的营养价值很高，超过其他禽蛋，有补益气血、强身健脑等功效，最适合体质虚弱、营养不良、气血不足者和少年儿童生长发育时食用。黄鱼含有丰富的蛋白质、微量元素和维生素，经常食用对人体有很好的补益作用。

知多D

鹌鹑蛋有"卵中佳品"之美称。处于青春发育期有贫血、月经不调的少女，经常食用有调补、养颜、润肤的功效。

开心日子美味菜

凉拌腐竹

经常食用香菇有利于预防人体，特别是婴儿因缺乏维生素D而引起的血磷、血钙代谢障碍导致的佝偻病，还可预防人体各种黏膜及皮肤病。

【材料】

腐竹100克，香菇3朵，芹菜250克，香油、盐各适量。

【做法】

①腐竹提前用温水浸泡至柔软时捞起，用刀从中间顺切为二，再切成3厘米长的段。
②芹菜择洗干净，取中段切成2.5厘米长的段。
③香菇洗净，用温水泡开，切成细条。
④腐竹、芹菜和香菇"飞水"后放入盘内，用盐、香油拌匀即成。

【科学指导】

腐竹中含有丰富的蛋白质、脂肪和植物纤维，常食有健脑作用。香菇中富含不饱和脂肪酸，以及大量的可转变为维生素D的麦角甾醇和菌甾醇，可增强机体的抗病能力和预防感冒。芹菜富含膳食纤维，能润肠通便，可防止便秘。

腐竹

香菇

芹菜

开心日子美味菜

酸梅蒸排骨

排骨

【材料】

排骨250克，酸梅5个，蒜蓉5克，白糖30克，料酒、盐、淀粉、胡椒粉各适量。

【做法】

①排骨洗净，斩小块后"飞水"；酸梅用清水泡软，去核。

②将排骨、酸梅放在碗内，加入盐、白糖、料酒、蒜蓉、胡椒粉拌匀，再拌入淀粉，平铺在盘中，上锅蒸熟即可。

【科学指导】

酸梅含有丰富的枸橼酸，能够有效抑制乳酸，驱除使血管老化的有害物质，促进机体新陈代谢。排骨营养丰富，除含蛋白、脂肪、维生素外，还含有大量磷酸钙、骨胶原、骨黏蛋白等，不仅为小孩生长发育提供钙质，还可帮助中老年人预防骨质疏松症。

知多D

酸梅可以促进唾液腺与胃液腺的分泌，做成酸梅汤或者用于做菜，能开胃生津，健脾消食。

开心日子美味菜

丝瓜炒蛋

美丽分享

丝瓜中所富含的维生素C是一种活性
很强的抗氧化物，不仅能抑制体内黑
色素的形成，而且对治疗青春痘也很
有效。常用丝瓜汁做面膜可以使皮肤
洁白、细嫩。

【材料】

丝瓜300克，鸡蛋2个，葱末、姜
末、盐各适量。

【做法】

①丝瓜洗净削皮，切块；鸡蛋打
入碗内，搅成蛋液。
②烧热锅下油，下葱末、姜末爆
锅，放入丝瓜块略炒，再下蛋液
同炒，下盐调味。

丝瓜

鸡蛋

【科学指导】

丝瓜中维生素B等含量较高，有
利于小儿大脑发育及中老年人大
脑健康。女性多吃丝瓜还对调理
月经不顺有帮助。对小孩而言，
鸡蛋的蛋白品质最佳，仅次于
母乳。蛋黄中还富含磷、锌、铁
等营养元素以及多种维生素，能
有效促进机体的新陈代谢。

开心日子美味菜

15

竹笋鳝段煲

【材料】
净竹笋200克，净黄鳝250克，咸肉75克，香菜末、姜丝、鲜汤、盐、料酒、胡椒粉各适量。

黄鳝

香菜

【做法】
①净黄鳝剞一字花刀，切成段；净竹笋切成滚刀块；咸肉切成条。
②烧热锅下油，下鳝段略炸后捞出，与笋块、咸肉条同放砂锅内，注入鲜汤，下盐，溅料酒，煲至熟烂入味后，放入胡椒粉、姜丝、香菜末即可。

【科学指导】
竹笋具有低脂肪、低糖、多纤维的特点，经常食用能促进肠道蠕动，助消化，去积食，防便秘。黄鳝富含DHA和卵磷脂，常食能有效提高记忆力。此外，黄鳝中维生素A的含量也非常高，维生素A可以增强视力，有效保护眼睛。

烹饪提示
竹笋食用前应先用开水焯过，以去除笋中的草酸。靠近笋尖部的地方宜顺切，下部宜横切，这样烹制时不但易熟烂，而且更易入味。

开心日子美味菜

蚝油双菇

知多D

"飞水"也称"焯水"、"出水"，即把食材放到开水锅中略滚后捞起。"飞水"既可减少蔬菜营养成分的流失，保持其青绿鲜艳的色泽，又能使骨头、猪肚、牛百叶等动物性材料去除血污、消除或减少异味。

【材料】

鲜草菇、鲜香菇各250克，菜心150克，葱段、姜片各少许，料酒、蚝油、盐、水淀粉、香油各适量。

【做法】

①将草菇和香菇洗净、切片，然后"飞水"；菜心洗净切段。

②烧热锅下油，下葱段、姜片略爆，倒入草菇和香菇煸炒，加入蚝油、盐、料酒及菜心，翻炒熟，用水淀粉勾芡，淋上香油，装盘时将菜心摆在盘周围，双菇盛在盘中即可。

草菇

香菇

菜心

【科学指导】

草菇的维生素C含量高，能促进人体新陈代谢，增强抗病能力。香菇素有"植物皇后"之称，常吃可以提高人体的免疫力。

开心日子美味菜

黄酒浸鲜虾

黄酒

河虾

【材料】
黄酒50毫升，鲜活河虾150克。

【做法】
将河虾用清水洗干净，把黄酒煮沸，再放入鲜活虾，将之烫死即可。

【科学指导】
虾营养丰富，且其肉质松软，易消化，对身体虚弱以及病后需要调养的人是极好的食物，能有效提高机体免疫力。黄酒属于低度酿造酒，它不伤肝、不伤胃，可加速体内血液循环，促进新陈代谢，还有增进食欲的作用，能有效抵御寒冷刺激，预防感冒。此菜能补钙强体，可预防小孩佝偻病。

百科全说

虾含有比较丰富的蛋白质和钙等营养物质，忌与含有鞣酸的水果，如葡萄、石榴、山楂、柿子等同食，否则会出现呕吐、头晕、恶心和腹痛腹泻等症状。

开心日子美味菜

炸藕盒

知多D

藕分为红花藕、白花藕和麻花藕三种。通常炖排骨藕汤用红花藕,清炒藕片用白花藕。麻花藕品质一般,外表粗糙,呈粉色,含淀粉较多。

【材料】

莲藕250克,肉馅200克,蛋清100克,葱末、姜末各5克,料酒、盐、淀粉各适量。

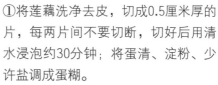

莲藕

料酒

【做法】

①将莲藕洗净去皮,切成0.5厘米厚的片,每两片间不要切断,切好后用清水浸泡约30分钟;将蛋清、淀粉、少许盐调成蛋糊。

②肉馅放入碗中,加入葱末、姜末、料酒和少许盐搅匀,放在两片藕之间做成藕盒。

③烧热锅下油,将藕盒裹满蛋糊后下锅,炸熟呈金黄色,捞起沥油即可。

【科学指导】

藕的营养价值很高,富含铁、钙等营养元素,有较好的补益气血、增强人体免疫力的作用。猪肉能提供优质蛋白质和必需的脂肪酸,经常食用能补益身体所需。

开心日子美味菜

青椒炒里脊

【材料】

猪里脊肉200克，青椒150克，蛋清1个，花生油50克，香油、盐、水淀粉、料酒、干淀粉各适量。

青椒

里脊肉

【做法】

①猪里脊肉剔去筋膜，切薄片后"飞水"，加少许盐、蛋清、干淀粉拌匀上浆；青椒去蒂、籽，切成与肉片大小相同的片。②烧热锅下油，下里脊片滑熟，捞起沥油。③原锅留油少许置火上，下青椒片煸炒至断生，加料酒、盐和少量清水烧沸，用水淀粉勾芡，倒入里脊片，淋香油，盛盘即可。

【科学指导】

猪里脊肉营养丰富，肉质较嫩，易消化，有补虚强身、健脾益气之功。青椒所含的辣椒素等物质有刺激唾液和胃液分泌的作用，能增强食欲，帮助消化。

烹饪提示

猪肉要斜切，可使其不破碎，吃起来又不塞牙。因为猪肉的肉质比较细、筋少，如横切，炒熟后变得凌乱散碎。

开心日子美味菜

20

熟地煮鹌鹑蛋

【材料】
熟地20克，枸杞子、山萸肉、淮山各30克，鹌鹑蛋15个，葱、姜、盐各适量。

【做法】
先将鹌鹑蛋煮熟，去皮，与上述四味中药及姜、葱同放入砂锅中，加适量水煎煮1小时，下盐调味。

【科学指导】
鹌鹑蛋被认为是 "动物中的人参"，有补益气血、强身健脑、丰肌泽肤等功效。山药有健脾益胃、聪耳明目、强筋健骨的功效。枸杞子中类胡萝卜素含量很高，常食能养肝明目。熟地能 "填骨髓，长肌肉，生精血"。山萸肉能补益肝肾。此菜能补脑健体，常食有利于小孩智力发育。

知多D

相同重量的鸡蛋和鹌鹑蛋所含营养素差异不大。6岁以下的小孩适当吃些鹌鹑蛋，有助于大脑发育。而中小学生学习负担重，用眼比较多，可以选择吃鸡蛋，对视力发育有利。

熟地

山萸肉

枸杞子

开心日子美味菜

胡萝卜蒸豆腐肉饼

豆腐

香菇

胡萝卜

【材料】

豆腐3块，胡萝卜2小根，猪肉100克，水发香菇3个，蛋清3个，香油、干淀粉、盐、料酒各适量。

【做法】

①将豆腐和猪肉同剁成泥后放入碗内，加盐、料酒、干淀粉拌匀。

②将蛋清搅匀，倒入豆腐肉泥里，拌匀。

③胡萝卜洗净去皮，切丝。

④取大盘1个，抹上油，将豆腐肉泥倒入摊平。香菇去蒂后切成丝，与胡萝卜丝同摆在豆腐肉泥上，淋上香油，上锅蒸熟即可。

【科学指导】

猪肉能补中益气，强身健体，润泽肌肤。豆腐营养丰富，常食能提儿童的记忆力和预防中老年的骨质疏松症。胡萝卜所富含的胡萝卜素在人体内转变为维生素A，能有效促进骨骼生长发育以及提高机体的免疫功能。

百科全说

保持胡萝卜营养的最佳烹调方法有两种：一是将胡萝卜切成片状或者刨成丝，用足量的油炒；二是将胡萝卜切成块状，与猪肉、牛肉、羊肉等一起炖煮。

开心日子美味菜

木耳青蒜炒腰花

【材料】

猪腰250克，青蒜100克，水发木耳25克，花生油、水淀粉各50克，酱油、葱段、醋、料酒、姜汁、鲜汤各适量。

【做法】

①猪腰剥去薄膜，从中间剖开，剔除污物筋络，切麦穗花刀，每片切成小块后"飞水"。

②葱切丝，青蒜切段，木耳撕成小片，同放小碗内，加酱油、料酒、姜汁、醋、水淀粉和鲜汤，兑成芡汁。

③烧热锅下油，下猪腰块稍爆，倒入漏勺内沥油。锅留底油置火上，倒入芡汁炒浓，下爆好的猪腰块，翻炒匀即可。

【科学指导】

猪腰能补肾，强腰，益气。青蒜中所含的辣素能醒脾气和消积食，还有杀菌、抑菌的功效。黑木耳中铁的含量极为丰富，常吃能令人肌肤红润，还可防治缺铁性贫血。

猪腰

木耳

烹饪提示

用花椒水可去除猪腰的腥臊味。先在火上烧开半锅水，然后在水中加入3小勺花椒煮3分钟，熄火后把花椒水倒入碗中放凉，然后倒入猪腰块浸泡5分钟。

开心日子美味菜

(23)

辛夷花煲鸡蛋

红枣

辛夷花

【材料】
辛夷花10克，鸡蛋3个，红枣5颗。

【做法】
①辛夷花用清水稍微浸泡后洗净；红枣洗净去核；鸡蛋煮熟后剥壳。
②砂锅内放入所有材料，加适量清水，大火煮沸后，用小火煲30分钟即可。

【科学指导】
辛夷花能祛风、通窍，是治鼻炎的专药。鸡蛋中的蛋白质对肝脏组织损伤有修复作用，蛋黄中的卵磷脂可促进肝细胞的再生，还可提高人体血浆蛋白量，增强机体的代谢、免疫功能。红枣有补中益气、养血生津、缓和药性的功能。此菜可用作慢性鼻炎患者的保健食疗。

知多D

鸡蛋最健康无敌的做法就是以蒸或煮的方式，消化吸收率基本可以达到100%。正确的吃法是吃整个鸡蛋，蛋白中的蛋白质含量较多，而其他营养成分则是蛋黄中含得更多。

韭菜炒虾仁

【材料】

鲜虾仁250克，鸡蛋2个，韭菜100克，花生油、黄酒、姜丝、醋、盐各适量。

韭菜

【做法】

①虾仁洗净；韭菜洗净，切段；鸡蛋打入碗内，搅匀。

②烧热锅下油，下鸡蛋、虾仁略炒，溅黄酒，下醋、姜丝，再放韭菜炒匀，快熟时下盐调味。

【科学指导】

鸡蛋富含人体所需的各种营养物质，常吃能健脑益智，并增强记忆力。韭菜对人体有保温作用，常食能增强体力和促进血液循环。虾仁的营养价值很高，含有丰富的蛋白质和钙，而脂肪含量较低，能健脾益胃。

百科全说

《本草纲目》记载："正月葱，二月韭"，就是说，每年二月生长的韭菜对人体健康最有益。有血压低、贫血的孩子，妈妈们一定要抓住这个机会，尽可能让小孩多吃些韭菜，把身体养好。

开心日子美味菜

枸杞麦冬炒蛋

【材料】

瘦肉50克，鸡蛋2个，枸杞子、麦冬各10克，花生米30克，花生油、盐、水淀粉各适量。

【做法】

①枸杞子、麦冬洗净后"飞水"，麦冬剁成碎末。

②花生米用油炒脆；猪瘦肉洗净后切成丁。

③鸡蛋打入碗中，下盐搅匀，然后隔水蒸熟，冷却后切成粒状。

④烧热锅下油，先下猪肉丁炒熟，然后倒入枸杞子、麦冬碎末和蛋粒，炒匀后下盐，用水淀粉勾芡即可盛入盘中，撒上脆花生米即可。

【科学指导】

瘦肉富含人体所需的蛋白质，常食能补虚强身。鸡蛋黄含有丰富的卵磷脂，是较好的健脑食品。枸杞子富含类胡萝卜素，常食能养肝明目。麦冬有润肺清心、益胃生津等功效。

选购技巧

好的枸杞子色泽暗红，个大，颗粒饱满，摸起来有点黏。那些颜色鲜红，很干爽的枸杞子有可能是被硫磺熏蒸过的。

开心日子美味菜

鲜蘑炒豌豆

豌豆

知多D

豌豆适合与富含氨基酸的食物一起烹调，可以明显提高豌豆的营养价值。鲜豌豆的豆荚与嫩茎、嫩梢，鲜嫩清香，最适宜炒吃或做汤。

【材料】

鲜口蘑100克，鲜嫩豌豆荚200克，花生油、酱油各适量。

【做法】

①豌豆荚撕去外边筋后洗净，口蘑洗净切丁，两者一同"飞水"。
②烧热锅下油，下口蘑丁、豌豆荚煸炒几下，下酱油，用大火炒熟即可。

【科学指导】

口蘑富含微量元素硒，常吃能提高机体免疫力。口蘑中含有多种抗病毒成分，这些成分对辅助治疗由病毒引起的疾病有很好效果。豌豆与一般蔬菜有所不同，所含的止杈酸、赤霉素和植物凝素等物质有抗菌消炎、增强新陈代谢的功能，并富含膳食纤维，可以防止便秘，有清肠作用。

开心日子美味菜

清炒苦瓜

苦瓜

【材料】
苦瓜100克，盐、花生油各适量。

【做法】
将苦瓜洗净，剖成两半，去籽后切成片状。烧热锅下油，放入苦瓜片略炒，将熟时下盐续炒至苦瓜微干即成。

【科学指导】
苦瓜有清暑祛热、清肝明目、增进食欲、清肠通便、促进新陈代谢等功能。苦瓜中维生素C含量很高，有提高机体应激能力的作用。苦瓜含丰富的维生素B_1、C及矿物质，经常食用能保持旺盛精力，此外对治疗青春痘也有益处。此菜能清热排毒，尤其适合用作小孩疖肿的食疗。

知多D

苦瓜之所以苦是因为含有葫芦素，如果把苦瓜和辣椒一块炒，可减轻苦味；或者将切好的瓜片撒上盐腌渍一会儿，然后再炒，既减轻苦味，又保持苦瓜的风味。

板栗猪肉

烹饪提示

猪肉在烹调前千万不要用热水清洗，因猪肉中含有一种肌溶蛋白的物质，在15℃以上的水中易溶解，若用热水浸泡就会流失很多营养，同时口味也欠佳。

【材料】

猪肉500克，板栗400克，植物油、葱花、酱油各适量。

【做法】

①猪肉洗净，切小块；板栗去壳取肉后洗净。

②烧热锅下油，下葱花炒香，放入板栗和猪肉翻炒片刻，放入约300毫升清水和少许酱油，以大火煮沸后，转小火焖至板栗熟软即可。

【科学指导】

猪肉含有丰富的蛋白质及脂肪、碳水化合物、钙、磷、铁等成分，有滋养脏腑、滑润肌肤、补中益气的功效。栗子富含柔软的膳食纤维，能润畅通便。常吃板栗可以益气血，健脾开胃，强身健体。

板栗

开心日子美味菜

山药沙拉

火腿肉

【材料】
火腿50克，芦笋250克，鲜山药200克，沙拉酱适量。

【做法】
①火腿切片；芦笋去老根，洗净切片；山药洗净，去皮切片。
②将火腿片、芦笋片和山药片"飞水"后放入盘中，倒入沙拉酱拌匀即可。

【科学指导】
火腿有健脾开胃、生津益血的功用。芦笋富含多种氨基酸、蛋白质和维生素，特别是芦笋中的天冬酰胺和微量元素硒、钼、铬、锰等，有调节机体代谢、提高身体免疫力的功效。山药含有淀粉酶、多酚氧化酶等物质，有利于脾胃消化吸收功能。

烹饪提示

切鲜山药使用金属刀会产生氧化作用，可致使山药变黑，所以在切山药时最好用竹刀或塑料刀。也可以将切好的山药泡在加了醋的冷水、柠檬水或者盐水里，等烹饪时再捞出沥干水。

蒜香兔肉

百科全说

兔肉中所含的脂肪和胆固醇低于所有其他肉类，而且脂肪又多为不饱和脂肪酸，有"美容肉"之称，常吃既可强身健体，又不用担心发胖。

【材料】

兔肉200克，大蒜50克，淀粉20克，生姜2片，白糖、黄酒、胡椒粉、酱油、盐各适量。

【做法】

①兔肉洗净，切薄片，加入盐、黄酒、淀粉拌匀；大蒜切片；姜剁末。

②烧热锅下油，下兔肉翻炒数下后，放入姜末、蒜片、酱油、盐、黄酒和白糖继续煸炒，待肉将熟时撒上胡椒粉即可。

【科学指导】

兔肉富含人体大脑和其他器官发育不可缺少的卵磷脂，常食有健脑益智的功效。大蒜能清除肠胃有毒物质，刺激胃肠黏膜，促进食欲，加速消化。大蒜中所含的硫化合物有较强的抗菌消炎作用，对多种球菌、杆菌、真菌和病毒等均有抑制和杀灭作用。

开心日子美味菜

菊花鲈鱼

鲈鱼

【材料】

鲈鱼250克，菊花5克，花生油50克，葱花、姜末、料酒、盐、白糖、淀粉、清汤、香油各适量。

【做法】

①菊花瓣摘下，剪去尖端，先用10％的淡盐水略洗，再用冷开水冲泡，捞出；鱼肉切成厚片，下热油锅中煎至八成熟，捞起沥油。

②锅内留少许底油，烧热，下葱花、姜末略爆，溅料酒，依次放入清汤、盐、白糖、鱼片，搅匀，煮熟鱼片，最后用淀粉勾芡，淋入香油，装盘。菊花的一半放在鱼块下垫底，另一半围在盘边上。

【科学指导】

菊花能疏风散热、清肺润肺、清肝明目。鲈鱼是健身补血、健脾益气和益体安康的佳品。

厨艺升级

鲈鱼和五味子一同熬汤，有补心脾、益肝肾的功效，对心慌、心悸、多梦、失眠、健忘、乏力等亚健康症状均有疗效，常食还能延缓衰老。

核桃鸡丁

知多D

核桃仁有健脑益智作用，生食营养损失最少。每天吃5~6个核桃（20~30克核桃仁）为宜，多吃易生痰。

【材料】

鸡肉400克，核桃仁60克，蛋清2个，盐、料酒、白糖、鸡汤、香油、花生油、湿淀粉、葱、姜、蒜各适量。

核桃

鸡肉

【做法】

①姜、葱、蒜切成小片；鸡肉洗净切成丁，用盐、料酒、蛋清、湿淀粉搅匀略腌20分钟。

②用盐、白糖、香油、鸡汤兑成芡汁。

③核桃仁去皮，用温油炸透。烧热锅下油，放入腌好的鸡丁滑透，捞出。再热锅下油，下葱片、姜片、蒜片略爆，倒入鸡丁炒匀，下兑好的芡汁，再放入核桃仁炒匀，收汁即成。

【科学指导】

鸡肉的蛋白质质优量高，极易消化，很容易被人体吸收利用，有增强体质、强壮身体的作用。核桃有补血养气、止咳平喘、润燥通便的功效。

开心日子美味菜

花椒炒鸡蛋

花椒

【材料】
花椒10克（研细末），鸡蛋2个，花生油适量。

【做法】
炒锅下油烧热，倒入花椒末炸出香味，然后打入鸡蛋，炒散成蛋花，蛋熟后即可盛起。

【科学指导】
花椒有温中散寒、除湿、止痛、杀虫的作用，春季适当食用，有助于人体阳气的生发。鸡蛋黄中的卵磷脂、甘油三脂、胆固醇和卵黄素，对神经系统和身体发育有很大的作用，常吃能健脑益智。此菜既营养美味，又温中散寒，尤其适合用作小孩腹痛的食疗。

养生有道
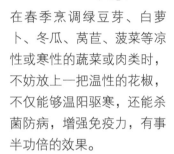

在春季烹调绿豆芽、白萝卜、冬瓜、莴苣、菠菜等凉性或寒性的蔬菜或肉类时，不妨放上一把温性的花椒，不仅能够温阳驱寒，还能杀菌防病，增强免疫力，有事半功倍的效果。

魅力永葆滋养汤

大蒜芡实鲤鱼汤

鲤鱼

蒜头

【材料】

鲤鱼1条，芡实100克，大蒜20克，植物油、盐各适量。

【做法】

①鲤鱼去鳞及内脏，洗净；芡实略洗；大蒜去皮略拍。
②烧热锅下油，用小火将鲤鱼煎至两面呈金黄色盛起。
③砂锅内放入所有材料，加适量清水，先大火烧开，再改小火慢炖1.5小时至芡实熟软，下盐调味。

【科学指导】

鲤鱼有利尿消肿、清热解毒、止咳下气的功效。鲤鱼的蛋白质量高质优，常食能补益身体。芡实有"补而不峻"、"防燥不腻"的特点，是秋季进补的首选食物。大蒜能行滞气，暖脾胃，消症积，解毒，杀虫。此汤能健脾利水，提高血浆蛋白含量，并减少尿蛋白，尤其适合用作因脾肾两虚引起的小儿水肿的保健食疗。

烹饪提示

煎鱼怎样才能不粘锅？先将锅洗干净并擦干，用生姜片擦锅，反复多擦几遍，然后放油，待油热后，再将鱼放进去煎。

泥鳅炖豆腐

泥鳅

知多D

豆腐用盐水先浸泡10分钟可以去除豆腥味。若想做出来的泥鳅豆腐汤鲜美无敌，可在汤里添加少许腐乳汁。

【材料】

泥鳅300克，豆腐4块，姜、蒜、葱花各少许，盐适量。

【做法】

①泥鳅用清水养两三天，在水里滴一两滴植物油和放少许盐，有助泥鳅排出污物（这样的泥鳅可直接用于烹饪）。

②姜、蒜拍破，烧热锅下油，下姜、蒜略爆出香味，盛出姜蒜油装碗备用。

③砂锅内放入豆腐和泥鳅，加适量清水，先大火烧开，撇干净浮沫，淋入姜蒜油，再改小火慢炖约30分钟，下盐调味，撒葱花即可。

【科学指导】

泥鳅被誉为"水中人参"，特别适宜身体虚弱、脾胃虚寒、营养不良、小儿体虚盗汗者食用，有助于生长发育。泥鳅有补中益气、祛湿止泻、暖脾胃等功效。豆腐为补益清热养生食品。此汤能补血益气，清热润燥，除湿退黄，适合因病毒性肝炎引起的小儿黄疸。

魅力永葆滋养汤

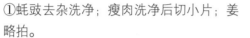

蚝豉瘦肉汤

蚝豉

瘦肉

【材料】
蚝豉30克，瘦肉100克，姜1片，盐适量。

【做法】
①蚝豉去杂洗净；瘦肉洗净后切小片；姜略拍。
②砂锅内放入所有材料，加适量清水，先大火烧开，改小火煲1小时，下盐调味。

【科学指导】
蚝豉也称"蛎干"，牡蛎肉的干制品。牡蛎营养丰富，有"海牛奶"之称，用来煲汤能益阴生津。瘦肉有补虚强身、滋阴润燥、健脾益胃的作用。凡病后体弱、产后血虚、面黄羸瘦者，皆可用之作营养滋补之品。此汤能滋阴，润燥，降火，适用于因熬夜上火而致口腔溃疡的亚健康人士，尤其适用于因虚火上炎所致的小儿口疮。

选购技巧

买猪肉时应拣多带些肥膘的肉，最好别买皮薄、颜色太鲜红的纯瘦肉，因为有可能是瘦肉精所致。注水肉的颜色发白，连血丝和褶皱都没有。但注水肉的弹性较差，指压后不但恢复较慢，而且能见到液体从切面渗出。

魅力永葆滋养汤

冬瓜老鸭汤

百科全说

嫩鸭一般用于烹制家常菜，而老鸭常用于炖汤。如何分辨老嫩呢？关键看鸭的皮色和脚色。皮雁黄色，脚深黄色是老鸭；皮雪白光润、脚呈黄色是嫩鸭；脚色黄中带红的是老嫩适中鸭。

【材料】

老鸭250克，冬瓜200克，薏米15克，扁豆10克，荷叶1片，生姜1片，盐适量。

【做法】

①老鸭去尾部和内脏，洗净斩块后"飞水"；冬瓜洗净，连皮切块；薏米、扁豆、荷叶略洗；生姜略拍。

②砂锅内放入所有材料，加适量清水，先大火烧开，再改小火煲1.5小时，下盐调味。

【科学指导】

鸭肉有除痨热骨蒸、消水肿、止热痢、止咳化痰等作用。冬瓜有润肺生津、化痰止咳、利尿消肿、清热祛暑、解毒排脓的功效。薏米能利水消肿，健脾去湿，舒筋除痹，清热排脓。扁豆能健脾，和中益气，化湿消暑。此汤是夏季的消暑靓汤，尤其适合用作小儿夏季热（又称"暑热症"）的保健食疗。

薏米

扁豆

冬瓜

魅力永葆滋养汤

淮山鸡内金鳝鱼汤

【材料】
黄鳝125克，鸡内金5克，淮山10克，生姜2片，白酒、油、盐各适量。

【做法】
①黄鳝宰杀、去内脏，洗净切段；鸡内金、淮山洗净；生姜略拍。
②烧热锅下油，下姜片略爆，放入鳝肉炒香，溅白酒，炒匀后盛起。
③砂锅内放入所有材料，先武火煮沸，再改文火煮1小时，下盐调味。

【科学指导】
黄鳝有补血、补气、消炎、消毒、除风湿等功效。黄鳝中含有丰富的DHA和卵磷脂，常食有补脑健身的功效。鸡内金有较强的消食化积作用，并能健运脾胃。淮山能补益脾胃，益肺滋肾。此汤尤其适合用作夏秋两季常见的婴幼儿腹泻的保健食疗。

黄鳝

鸡内金

魅力永葆滋养汤

知多D

黄鳝于小暑前后最为肥美，民间有"小暑黄鳝赛人参"的说法。

塘葛菜生鱼汤

【材料】
鲜生鱼1条（约250克），塘葛菜30克，生姜1片，盐适量。

【做法】
①生鱼宰杀，去鳞、除内脏，洗净沥干水；塘葛菜去杂洗净；生姜略拍。
②将生鱼、塘葛菜、姜片一起放入砂锅内，加入适量水，先大火烧开，再改小火煲1小时，下盐调味。

【科学指导】
生鱼有"鱼中珍品"之称，是一种营养全面的保健佳品，可作为生病后调养和体质虚弱的小孩的滋补珍品。生鱼有补脾利水、去瘀生新、清热等功效。塘葛菜的学名叫蔊菜，所含的蔊菜素有止咳祛痰、清热及活血通经的作用。此汤能清热利尿、凉血解毒，可用作小儿肺炎恢复期的保健食疗。

选购技巧

生鱼肉较粗，不是太好吃，但非常有营养，吃生鱼还有给伤口消炎的作用。用生鱼做菜，要注意选鱼不能太大，一般8两左右即可。这样的鱼龄一般在1年左右，可以保证鱼肉鲜嫩。

生鱼

塘葛菜

魅力永葆滋养汤

薏米木瓜瘦肉汤

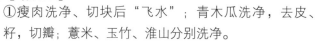

【材料】
瘦肉250克，青木瓜1个，薏米15克，淮山、玉竹各10克，盐适量。

青木瓜

【做法】
①瘦肉洗净、切块后"飞水"；青木瓜洗净，去皮、籽，切瓣；薏米、玉竹、淮山分别洗净。
②砂锅内放入所有材料，加适量清水，先大火煲滚，再改小火煲2小时，下盐调味。

薏米

【科学指导】
瘦肉能补中益气，强身健体，滋阴润燥。常食木瓜能平肝和胃，舒筋活络，增强体质。薏米有利水消肿、健脾去湿、清热排脓等功效。淮山有补脾养胃、生津益肺、聪耳明目的功效。玉竹有养阴润燥、生津止渴的作用。此汤有补脾去湿、清心润肺的功效。

瘦肉

烹饪提示

青色未熟的木瓜含有更多的酵素，可把切成薄片的木瓜夹在较硬的肉里，由于酵素的作用，再硬的肉类都会很快就变柔软。

魅力永葆滋养汤

胡椒猪小肚汤

知多D

胡椒粉是用干胡椒碾压而成，有白胡椒粉和黑胡椒粉两种。黑胡椒粉是未成熟果实加工而成，白胡椒粉是果实完全成熟后采摘加工而成。

【材料】

猪小肚1个，老姜1小块，胡椒粉、盐各适量。

【做法】

①猪小肚翻洗干净，切成小块后"飞水"；老姜洗净，切片略拍。

②砂锅内放入猪小肚、老姜和胡椒粉，加清水适量，先武火烧开，再改文火炖至烂熟，下盐调味。

猪小肚

老姜

【科学指导】

猪小肚即为猪膀胱，有缩小便、健脾胃的功效。胡椒有温中下气、祛痰解毒的作用。胡椒作为调料，不仅可除腥增香，还有除寒气、消积食的效用。老姜，俗称姜母，即姜种，常用于各种烹调方法中，主要是取其味。此汤有补肾、健脾、益肺的功效，适用于因肾虚引起的尿频、尿多症，尤其适合用作小儿遗尿的保健食疗。

魅力永葆滋养汤

黑豆鲤鱼汤

黑豆

【材料】

鲤鱼1条，黑豆50克，生姜2片，花生油、盐各适量。

【做法】

①黑豆去杂洗净，用清水浸泡3小时；鲤鱼去鳞、鳃和内脏，洗净沥干水。

②烧热锅下油，下姜片爆香，放入鲤鱼煎至两面呈金黄色盛起。

③砂锅内放入所有材料，加适量清水，先大火煮沸，再改小火煲约1小时，下盐调味。

【科学指导】

黑豆有活血、利水、祛风、清热解毒、滋养健血、补虚乌发的功能。黑豆含有丰富的粗纤维，常食能促进消化，防止便秘。鲤鱼能供给人体必需的氨基酸、矿物质和维生素A、D，有补脾健胃、利水消肿、清热解毒之功效。此汤能健脾益胃，通阳利水，调气导滞，尤其适合用作肥胖小孩控制体重的保健食疗。

烹饪提示

鲤鱼背上有两条白筋，这两条白筋是产生特殊腥味的东西，所以烹饪鲤鱼前应把这两条白筋去掉。经过这样处理的鲤鱼，无论是做菜还是炖汤，味道都很鲜美，没有腥味。

魅力永葆滋养汤

冬瓜虾仁汤

选购技巧

瓜肉雪白，肉质看起来坚实，瓜身重的就是好冬瓜。瓜皮呈深绿色，瓜瓤空间较大，并有少许成形瓜子的就是老冬瓜。煲汤用的冬瓜宜选老的，嫩冬瓜有潺滑感，不够爽脆。

【材料】
冬瓜250克，虾仁10克，盐、麻油各适量。

【做法】
①冬瓜削皮去瓤、籽，洗净后切成小长方形块；虾仁用清水洗净。
②砂锅内放入所有材料，加适量清水，先大火烧开，再改小火煨约20分钟，下盐调味，淋上麻油。

虾仁

冬瓜

【科学指导】
冬瓜有润肺生津、化痰止咳、利尿消肿、清热祛暑、解毒排脓的功效。虾仁的营养价值很高，含有丰富的蛋白质、钙，而脂肪含量较低，且其肉质松软，易消化，老幼皆宜；若配以笋尖、黄瓜，营养更丰富，有健脑、养胃、润肠的功效，适宜儿童食用。此汤能清热润肠，尤其适合用作儿童长痱子的保健食疗。

羊肉姜桂汤

【材料】

羊肉500克，生姜2片，肉桂、小茴香各少许，盐适量。

羊肉

【做法】

①羊肉洗净，斩小块，"飞水"；生姜略拍；肉桂、小茴香略洗。

②砂锅内放入所有材料，加适量清水，先大火煮沸，再改小火慢炖2小时，下盐调味。

肉桂

【科学指导】

羊肉能温补脾胃，滋补肝肾，补血温经，最适宜于冬季食用。姜有解表、散寒、温中的功效。肉桂有温中健胃、暖腰膝的作用。小茴香能散寒止痛，理气和胃。此汤有补中益气、温中健胃的功效，尤其适用于因脾虚胃寒引起的胃痛。

小茴香

知多D

肉桂与桂枝同生于桂树，如何区别？肉桂为桂树皮，桂枝为桂树嫩枝。二者皆有温营血、助气化、散寒凝的作用。但肉桂长于温里止痛，入下焦而补肾阳，归命火；桂枝长于发表散寒，振奋气血，主上行而助阳化气，温通经脉。

魅力永葆滋养汤

苦瓜兔肉汤

百科全说

苦瓜与鸡蛋同食能保护骨骼、牙齿及血管，使铁质吸收得更好，有健胃的功效，能治疗胃气痛、眼痛、感冒、伤寒和小儿腹泻、呕吐等。

【材料】

苦瓜150克，兔肉250克，淀粉、盐各适量。

【做法】

①将苦瓜洗净后切成两半，去瓤，切成片状；兔肉洗净，切成片状，拌以淀粉。
②砂锅内放入所有材料，加适量清水，先武火烧沸，再改小火煮20分钟，下盐调味。

【科学指导】

苦瓜有清热祛暑、明目解毒、利尿凉血的功效。苦瓜含丰富的维生素B_1、维生素C及矿物质，经常食用对治疗青春痘有很大益处。兔肉有"美容肉"之称，营养丰富，所含的脂肪和胆固醇较低，常吃既可强身健体，又不用担心发胖。此汤有清暑泄热、益气生津、除烦之功效，为夏季保健靓汤。

苦瓜

魅力永葆滋养汤

白术茯苓鲫鱼汤

【材料】

鲫鱼1条（约500克），茯苓50克，白术25克，陈皮1小块，盐适量。

【做法】

①鲫鱼去鳃、鳞和内脏，洗净，用小火将鱼煎至两面呈金黄色。

②茯苓、白术分别洗净，放入纱布袋里，扎紧袋口；陈皮用清水浸软，刮去瓤。

③砂锅内放入所有材料，加适量清水，先大火煲滚，再改小火煲1小时，下盐调味。

【科学指导】

鲫鱼有益气健脾、清热解毒、和中开胃之功效。茯苓能健脾去湿，助消化，增强体质，常吃还能润泽肌肤。白术能健脾益气，燥湿利水。陈皮能理气健脾，燥湿化痰。此汤能健脾祛湿，尤其适合春季食用。

鲫鱼

茯苓

白术

陈皮

魅力永葆滋养汤

烹饪提示

鲫鱼下锅前除了刮鳞抠鳃、剖腹去脏，别忘了去掉其咽喉齿（位于鳃后咽喉部的牙齿），否则菜的汤汁味道就欠佳，而且有较重的泥味。

杏仁炖猪肺

美丽分享

甜杏仁是一种健康食品，常食体重不仅不会增加，还能促进皮肤微循环，使皮肤红润光泽，有美容的功效。所以，想保持窈窕身材的女性可以把甜杏仁当作零食，不仅能解嘴馋，还不用担心发胖。

【材料】
杏仁50克，猪肺500克，盐适量。

【制法】
①将杏仁去皮尖、捣烂；将猪肺洗净血污，切小块，"飞水"。
②砂锅内放入所有材料，加清水适量，先大火烧开，再改文火炖2小时至猪肺熟软，下盐调味。

猪肺

杏仁

【科学指导】
苦杏仁中含有苦杏仁苷，它在体内能被肠道微生物酶或苦杏仁本身所含的苦杏仁酶水解，产生微量的氢氰酸与苯甲醛，对呼吸中枢有抑制作用，能祛痰止咳，平喘润肺。猪肺能补肺虚，止咳嗽。此汤能补肺，止咳，平喘，是秋冬季节的保健靓汤。

魅力永葆滋养汤

枣仁百合枸杞汤

枸杞子

酸枣仁

百合

红枣

【材料】
枸杞子15克，酸枣仁、百合各10克，红枣5颗。

【做法】
将酸枣仁用纱布包好，与枸杞子、百合、红枣同放入砂锅内，加入适量清水煎煮2小时，以百合软烂为度。

【科学指导】
枸杞子有滋补肝肾、益精明目之功效。酸枣仁能养心，安神，敛汗，常用于神经衰弱、失眠、多梦、盗汗。百合能润肺止咳，清心安神。红枣有补中益气、养血生津、缓和药性的功能。此汤能清心安神，适用于因压力大而致失眠、心神不宁、焦虑等症状的亚健康人士，尤其适合用作小儿多动症的保健食疗。

养生有道

枣仁人参茶。材料：酸枣仁20克，人参12克，茯苓30克。做法：将药材共研为细末。每次取5~6克，用温开水送服。此茶能养心安神，尤其适合压力大而失眠、多梦的亚健康人士饮用。

魅力永葆滋养汤

沙参玉竹老鸭汤

老鸭

知多D

沙参分南、北两种。一般认为两者功效相似，均属养阴药。

【材料】

光老鸭半只（约750克），沙参、玉竹各30克，火腿20克，盐适量。

【做法】

①老鸭切去脚、屁股，去内脏、肥脂，洗净、斩块，然后"飞水"，如怕肥腻，可以撕去鸭皮；沙参、玉竹分别洗净；火腿切片。

②将所有材料放入砂锅内，加适量清水，先武火煲滚，再改文火煲2小时，下盐调味。

沙参

【科学指导】

沙参有养阴清肺、益胃生津的功效。玉竹富含维生素A和黏液质，维生素A有使皮肤柔嫩细腻、润滑的功效，还对视力发育有利；黏液质也能使皮肤光滑细腻。鸭肉能滋阴补血，民间有"嫩鸭湿毒，老鸭滋阴"之说，入药用老鸭取其湿性较弱、益血补虚之功效。此汤能滋阴润肺，清热解毒。

玉竹

魅力永葆滋养汤

香菜黄豆汤

【材料】

香菜（即芫荽）30克，黄豆10克，盐适量。

芫荽

黄豆

【做法】

①黄豆用清水浸泡3小时，洗净；香菜洗净。

②先将黄豆放入砂锅内，加适量清水，小火煎煮30分钟，再下香菜稍煮片刻，下盐调味。

知多D

小儿出疹痘：将香菜制成香菜酒擦皮肤，或水煎，趁热熏鼻，或蘸汤擦面部和颈部，可以加速疹痘发出，如已出者则应停止使用。

【科学指导】

香菜与黄豆相配为治风寒感冒良方。香菜有发汗透疹、消食下气、醒脾和中的功效，尤其适合小孩麻疹初期透出不畅，以及食物积滞而致胃口不好者食用。黄豆有健脾宽中、润燥消水、清热解毒、益气的功效。此汤能祛风散寒，扶正祛邪。

魅力永葆滋养汤

杞子田七煲鸡汤

美丽分享

常吃枸杞子可以美容养颜，因为枸杞子可以提高皮肤吸收氧分的能力，另外，还能起到美白作用。

【材料】

瘦光鸡1只（约1000克），猪骨250克，枸杞子20克，田七（切片）12克，姜1片，盐适量。

【做法】

①鸡切去脚，洗净，斩块；猪骨斩块，洗净，与鸡块一同"飞水"；枸杞子、田七略洗。

②砂锅内放入所有材料，加适量清水，先武火煲滚，再改文火煲2小时，下盐调味。

田七

枸杞子

【科学指导】

田七又名三七，补血效果绝佳，为"中药之最珍贵者"之一。它还有抗疲劳、提高学习和记忆能力的作用。枸杞子有增强人体免疫力的功效，能抵抗疲劳。鸡肉有滋补养身的作用。猪骨含有大量磷酸钙、骨胶原、骨黏蛋白，是补脑强身的绝好食材。此汤有补血、明目等功效。

魅力永葆滋养汤

芡实鱼头汤

大鱼头

芡实

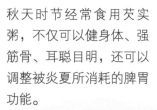

【材料】

大鱼头1个（约500克），芡实50克，瘦光鸡半只，姜1片，盐适量。

【做法】

①芡实略洗；姜略拍；鸡洗净，斩小块后"飞水"；鱼头切开边，洗净抹干水，用小火煎至呈微黄色铲起。

②砂锅内放入所有材料，加适量清水，先武火煲滚，再改文火煲1小时，下盐调味。

【科学指导】

芡实为滋养强壮性食物，有补中益气、健脾养胃的功效。鱼头含蛋白质、脂肪、钙、磷、铁等营养成分，还含有鱼肉中所缺乏的卵磷脂，可增强记忆。鸡肉有温中益气、健脾胃、强筋骨的功效。此汤能益智补脑，健脾开胃。

养生有道

秋天时节经常食用芡实粥，不仅可以健身体、强筋骨、耳聪目明，还可以调整被炎夏所消耗的脾胃功能。

魅力永葆滋养汤

淮杞桂圆猪脑汤

【材料】

猪脑1副，淮山25克，桂圆肉、枸杞子各15克，生姜2片，料酒、盐各适量。

【做法】

①猪脑放入清水中，去掉浮起的红筋，取出沥干水分；淮山、桂圆肉、枸杞子略洗。

②把所有材料放入炖盅内，加入适量清水，溅料酒，盖上盖，隔水炖2小时，最后下盐调味。

厨艺升级

天麻和猪脑都有补脑的功效，一同炖汤有治疗眩晕眼花、头风头痛、神经衰弱的作用，经常用脑的人常喝此汤可健脑益智。

猪脑

桂圆肉

【科学指导】

猪脑有补骨髓、益虚劳、滋肾补脑的功效。淮山是公认的滋补佳品，"补中益气力、长肌肉，久服耳目聪明"。桂圆肉有补血安神、健脑益智、补养心脾的功效。枸杞子有很好的滋补作用，还能增强人体的免疫力。此汤既能益气血，又能补肾益脑。

魅力永葆滋养汤

桂圆莲子鸡蛋汤

【材料】

桂圆肉15克，莲子50克，鸡蛋2个，生姜2片，南枣4颗，盐适量。

桂圆肉

莲子

【做法】

①将鸡蛋破壳入碗，打散后加入适量清水，隔水蒸熟。

②桂圆肉、莲子、生姜、南枣分别洗净。

③砂锅内放入所有材料，加适量清水，先武火煲滚，再改文火煲约1小时，下盐调味。

【科学指导】

桂圆有补益作用，对病后需要调养及体质虚弱的人有辅助疗效。莲子有养心安神、健脑益智、消除疲劳等作用。南枣有养脾、平胃气、润心肺、止咳嗽等功效，其养血补中效果较红枣要强。鸡蛋能健脑益智，增强记忆力。常喝此汤能宁心安神，养血润肤，尤其适合因压力大而致失眠或肤色欠佳者食用。

百科全说

桂圆有很好的温补作用，若小孩常感冒、尿床、体质虚冷、记忆力不佳，适当吃些桂圆可增强体质，改善症状。

魅力永葆滋养汤

健乳润肤汤

清洗猪肚时，外层黏液用钝刀刮清，剖开后同样刮清黏液，用热水焯烫一次，再用粗盐、醋、葱和姜一起抓揉，以去腥味。

【材料】

猪肚1个（约1000克），芡实30克，黄芪25克，白果肉60克，腐皮30克，葱段、盐各适量。

【做法】

①将整个猪肚用盐及醋擦洗干净，切成2厘米大小的块。

②砂锅内放入猪肚块和洗净的芡实、黄芪、白果肉，加适量清水，先小火煲1小时，再放入腐皮，改小火煲20分钟，下葱段，直煮至汤变成奶白色，下盐调味。

【科学指导】

猪肚能补虚损，健脾胃。芡实被称为"婴儿食之不老，老人食之延年"的保健佳品。黄芪有补脾益气、利水消肿的作用。白果能温肺益气，定喘咳，缩小便，止泻，益脾，适用于小儿脾虚腹泻和小儿遗尿。此汤有补气血、清虚热、健乳润肤的功效，尤其适合想丰胸健乳、皮肤白皙的女性食用。

猪肚

黄芪

白果

腐皮

魅力永葆滋养汤

花生墨鱼排骨汤

墨鱼

花生

【材料】

花生50克，红枣（去核）5颗，墨鱼1只（约200克），排骨200克，盐适量。

【做法】

①墨鱼撕去外衣及内脏，洗净；排骨洗净、斩小块，与墨鱼一同"飞水"；花生、红枣分别洗净。

②砂锅内放入所有材料，加适量清水，先武火煲滚，再改文火煲2小时，下盐调味。

【科学指导】

墨鱼蛋白质含量较高，适宜阴虚体质或贫血者食用，但脾胃虚寒的人应少吃。花生有养血补脾、润肺化痰、润肠通便的作用。排骨含有大量磷酸钙、骨胶原、骨黏蛋白，是补脑强身的佳品。红枣有补中益气、养血安神的作用。此汤能益气养血、润肤养颜，尤其适合身体虚弱、气色不好者长期食用。

知多D

墨鱼壳，即"乌贼骨"，中医称其为"海螵蛸"，是一味制酸、止血、收敛之常用中药。

魅力永葆滋养汤

黄芪鱼鳔羊肉汤

【材料】

羊肉250克，鱼鳔50克，黄芪30克，姜、葱各适量，盐少许。

【做法】

①羊肉洗净切块，鱼鳔洗净血水，两者一同"飞水"。

②砂锅内放入所有材料，加适量清水，先武火烧开，再改文火煲2小时，下盐调味。

【科学指导】

羊肉有"暖中补虚，开胃健力，养肝明目，健脾健胃，补肺助气"等功效。鱼鳔中所含的生物大分子胶原蛋白质，极易被吸收和利用，是人体补充合成蛋白质的原料，能加速人体新陈代谢，从而增强机体抗病能力。黄芪是补脾最好的中草药，它能全面提高人体免疫力。此汤能补脾益气，是冬季滋补靓汤，常食能强身健体。

鱼鳔

黄芪

羊肉

养生有道

平时体质虚弱，容易疲劳，常感乏力，往往是"气虚"的一种表现；贫血，则常属"气血不足"；而脱肛、子宫下垂这些病症也常被认为是"中气下陷"。黄芪的功效为益气固表，若有上述症状的人，冬季吃些黄芪大有益处。

魅力永葆滋养汤

黄芪猴头菇汤

猴头菇

黄芪

【材料】

猴头菇150克，黄芪（切片）30克，嫩鸡肉250克，生姜、葱白、油、盐、胡椒粉、绍酒各适量。

【做法】

①猴头菇洗净后用温水浸发，捞起去蒂，洗净，切成大片，浸泡过猴头菇的水用纱布过滤待用；鸡肉洗净，切小块后"飞水"；生姜、葱白均切成丝。

②烧热锅下油，放入黄芪、姜、葱白、鸡块爆炒片刻，盛起放砂锅内，加绍酒、浸泡猴头菇的水和少量清水，先武火烧沸，再改文火煲约1小时，然后下猴头菇片煲30分钟，下盐调味，撒入胡椒粉即可。

【科学指导】

黄芪能补脾胃，益肺气，生阴血。猴头菇不仅营养价值高、味道鲜，而且能提精神，补脑力，与鸡肉同用，营养更丰富，滋补功效更强。此汤能补气养血，补脑强身。

烹饪提示

干猴头菇泡发时先洗净，然后在热水中浸泡3小时以上。在烹制时要加入料酒或白醋，这样做可以中和一部分猴头菇本身带有的苦味。

魅力永葆滋养汤

60

芪杞乳鸽汤

知多D

乳鸽是指孵出不久的小鸽子，即未换毛又未会飞翔者，肉厚而嫩，滋养作用较强。鸽肉的做法多种多样，但清蒸或煲汤能最好地保存其营养成分。

【材料】

瘦光乳鸽2只，瘦肉200克，黄芪、枸杞子各20克，姜1片，盐适量。

【做法】

①黄芪、枸杞子略洗；乳鸽斩去脚，斩块；瘦肉洗净切小块。

②砂锅内放入所有材料，加适量清水，先武火煲滚，再改文火煲1小时，下盐调味即可。

鸽子

枸杞子

【科学指导】

黄芪属补气良药，以补虚为主，有补而不腻的特点。枸杞子有滋补肝肾、益精明目作用。民间有"一鸽胜九鸡"的说法。鸽肉细嫩鲜美，尤以乳鸽为佳，常食有滋阴养颜、补肾益气、解毒洁肤的作用。此汤能补中益气。

魅力永葆滋养汤

糯米酒红枣鸡汤

鸡肉

红枣

【材料】

净母鸡肉250克，糯米酒200克，红枣6颗，生姜2片，盐适量。

【做法】

①鸡肉洗净，切块后"飞水"；红枣洗净，去核；生姜略拍。

②将鸡肉、红枣和生姜一同放入炖盅内，加入糯米酒和适量清水，盖上盖，隔水炖2小时，下盐调味。

【科学指导】

母鸡肉能补虚羸，益气补血。鸡肉含有丰富的蛋白质和极低的脂肪，不仅能增进人体的健康，还能防止发胖。糯米酒有活血通经、散结消肿的作用。红枣能养血安神，补中益气。此汤能补气养血，活血通经，尤其适合气色不好、有痛经的女性食用。

烹饪提示

鸡汤应在炖好后温度降至80～90℃时或食用前加盐。如果在炖煮的过程中加盐，会使鸡汤的营养和鲜味质量降低。

魅力永葆滋养汤

淮山芡实百叶汤

【材料】

牛百叶400克，瘦肉150克，淮山、芡实各10克，生姜4片，盐适量。

【做法】

①牛百叶洗净切细长条；瘦肉洗净、切块，与牛百叶一同"飞水"；淮山、芡实分别洗净；姜略拍。

②砂锅内放入所有材料，加适量清水，先武火煲滚，再改小火煲2小时，下盐调味。

【科学指导】

牛百叶能补虚，益脾胃。瘦肉能补脾养胃，养血润燥。淮山能补益脾胃，益肺滋肾。芡实为永葆青春活力、防止未老先衰的保健佳品，还能健脾止泻，除湿止带。此汤能补益脾胃，尤其适合胃口不好者食用。

牛百叶

芡实

厨艺升级

牛百叶还可以和萝卜、陈皮熬汤，有清润化痰之功效。陈皮能理气化痰，醒脾健胃，不仅能去牛百叶之腥臊味，又能使萝卜清润肺燥、降气止咳而不凉。

魅力永葆滋养汤

栗子瘦肉汤

【材料】

栗子肉200克，瘦肉250克，盐适量。

【做法】

猪肉洗净，切小块，"飞水"，与洗净的栗子肉一同倒入砂锅内，加适量清水，先武火烧沸，再改文火慢煲1.5小时，下盐调味。

【科学指导】

栗子素有"干果之王"的美誉，有益气健脾、厚补胃肠、强筋健骨的作用。栗子含有核黄素，常吃栗子对日久难愈的小儿口舌生疮有不错的食疗功效。猪肉能滋养脏腑，滑润肌肤，补中益气。长喝此汤，有健脾理气之功效。

栗子

瘦肉

选购技巧

选购栗子的时候不要一味追求果肉的色泽洁白或金黄，金黄色的果肉有可能是经过化学处理的栗子。相反，如果炒熟后或煮熟后果肉中间有些发褐，是栗子所含的酶发生"褐变反应"所致，只要味道没变，对人体没有危害。

魅力永葆滋养汤

百合淮山鳗鱼汤

常吃用新鲜鳗
鱼肉做成的
粥，不仅可以
使脸色红润、
皮肤充满弹
性，而且还能
迅速恢复体
力。

【材料】

鳗鱼250克，淮山100克，百合30克，料酒、盐、葱段、
姜片、熟猪油、胡椒粉各适量。

【做法】

①将鳗鱼宰杀，去内脏、黏液，切成6厘米长的段，小火
煎至呈金黄色盛起；淮山、百合分别洗净。
②砂锅内放入鳗鱼、百合和淮山，溅料酒，下葱段、姜
片，先武火烧沸，撇去浮沫，再改文火煲1小时，下盐调
味，淋上熟猪油，撒上胡椒粉即可。

鳗鱼

百合

【科学指导】

鳗鱼有补虚养血、祛
湿、抗痨等功效。鳗
鱼富含钙质，对促进
小孩骨骼发育以及预
防中老年骨质疏松症
都有不错的效果。山
药能补益脾胃，益肺
滋肾。百合能润肺止
咳，清心安神，为药
食兼优的滋补佳品。
此汤能补益脾胃，尤
其适合胃口不好者食
用。

魅力永葆滋养汤

红枣眉豆排骨汤

眉豆

排骨

【材料】
排骨500克，眉豆100克，红枣5颗，姜2片，盐适量。

【做法】
①排骨洗净，斩块，"飞水"；眉豆去杂洗净；红枣去核，洗净。
②砂锅内放入所有材料，加适量清水，先大火烧开，再改小火煲2小时，下盐调味。

【科学指导】
排骨除含蛋白、脂肪、维生素外，还含有大量磷酸钙、骨胶原、骨黏蛋白等，不仅为小孩的生长发育提供钙质，还可预防中老年骨质疏松症。眉豆有健脾、和中、益气、化湿、消暑之功效。红枣有补中益气、养血生津、缓和药性的作用。此汤有补气健脾、养血安神的功效。

烹饪提示

眉豆含有蛋白质、碳水化合物，还含有毒蛋白、凝集素以及能引发溶血症的皂素。所以烹饪时一定要注意，眉豆一定要煮熟以后才能食用，否则可能会出现食物中毒现象。

魅力永葆滋养汤

川贝炖猪肺

【材料】
猪肺250克，川贝母10克，雪梨2个，冰糖适量。

【做法】
①猪肺洗净血污，切小块后"飞水"；雪梨去皮，切成小块；川贝母洗净。
②炖盅内放入所有材料，加适量清水，用文火炖3小时即可。

【科学指导】
猪肺味甘，性平，入肺经，能补肺虚，止咳嗽。川贝母味苦，性甘，有清热化痰、润肺止咳、散结消肿的作用，对多种咳嗽都有良好的功效，是化痰止咳的保健良药。雪梨有润肺清燥、止咳化痰的作用。此汤能清肺化痰，养肺益气，尤其适合咳喘痰多者食用。

川贝母

猪肺

雪梨

百科全说

川贝与雪梨、冰糖同食，其化痰止咳、润肺养阴的效果更加明显。但脾胃虚寒及寒痰、湿痰者不宜或慎服川贝。

魅力永葆滋养汤

豆腐菠菜汤

【材料】
菠菜250克，嫩豆腐1块，盐适量。

【做法】
①菠菜去根，洗净后"飞水"；嫩豆腐切成小块。
②烧热锅下油，放入菠菜略炒，再下豆腐块，加适量清水烧开，下盐调味。

烹饪提示

在煮菠菜豆腐汤时，要先将菠菜用沸水焯烫一下（可除去约80％的草酸），再与豆腐共煮。

【科学指导】
菠菜中所含的胡萝卜素，可在人体内转变成维生素A，能维护正常视力和上皮细胞的健康，增加机体的抗病能力，促进儿童生长发育。菠菜中所含的微量元素，能促进人体新陈代谢，丰富的铁对缺铁性贫血有改善作用，常食能令人脸色红润。豆腐能补中益气，清热润燥，生津止渴。此汤能益气和中，养血润燥，生津。

菠菜

豆腐

魅力永葆滋养汤

当归补血汤

知多D

蒸煮熟的螃蟹应尽快食用，切忌久存。如果蒸煮后放置时间超过了4小时，应该重新蒸煮一遍再食用。如果患有慢性肠胃炎、胆结石、胆囊炎和肝炎者切忌进食螃蟹。

【材料】

当归10克，黄芪、枸杞子、杜仲各50克，黑枣100克，米酒250克，红蟹2只（约750克）。

【做法】

①红蟹刷洗干净，起壳、去鳃，切块；黄芪、枸杞子、杜仲略洗；黑枣洗净。
②砂锅内放入所有材料，下米酒，加入适量清水，先大火烧沸，改小火煲1小时即可。

【科学指导】

螃蟹味咸，性寒，能清热，散血，续绝伤。黄芪、当归能补气生血。杜仲有补肝肾、强筋骨、安胎之功效。杜仲还有促进代谢、预防骨质疏松的作用，对生完宝宝的产妇，常用杜仲煲汤可以有效预防产后体虚、骨质疏松的发生。枸杞子能滋补肝肾，益精明目。黑枣有平胃健脾、益气生津、养心安神、补血助阴等作用。常喝此汤能益气养血。

红蟹

黑枣

黄芪

杜仲

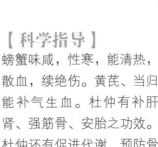

魅力永葆滋养汤

69

虫草煲鸭汤

雄鸭

【材料】
雄鸭半只（约750克），冬虫草10克，生姜2片，葱白少许，盐适量。

【做法】
①雄鸭去肥脂，洗净后斩成小块，入沸水锅中汆烫片刻，捞出沥干水；冬虫草略洗；生姜略拍；葱白切段。
②砂锅内放入所有材料，加适量清水，先大火烧沸，再改小火煲1小时，下盐调味即可。

【科学指导】
鸭肉性偏凉，具有"滋五脏之阴，清虚劳之热，补血行水，养胃生津，止咳息惊"等功效，特别适合体热上火者食用，也适合夏季食用。冬虫草具有养肺阴、补肾阳、止咳化痰、延缓衰老的作用，为平补阴阳之佳品，且诸无所忌。此汤能补肺肾之气，常食可平补阴阳，强壮身体。

养生有道

鸭肉虽好，吃时也有讲究。首先，感冒患者不宜食用鸭肉，否则可能会加重病情，感冒时还是以喝鸡汤为宜。其次，慢性肠炎者要少吃，鸭肉味甘、咸，吃了可能使肠炎病情加重。另外，有腹痛、腹泻、腰痛、痛经等症状者也最好少吃鸭肉。

魅力永葆滋养汤

归芪牛肉汤

牛肉的纤维组织较粗，结缔
组织也较多，应横切将长纤
维切断，不能顺着纤维组织
切，否则不仅难以入味，还
不易嚼烂。

【材料】

牛肉500克，当归25克，党参、黄芪各
20克，生姜15克，料酒、葱段、盐各适
量。

牛肉

【做法】

①将当归、黄芪、党参装入纱布袋，扎
紧袋口；牛肉去筋膜，洗净后切块，入
沸水锅汆烫片刻；生姜切片略拍。

②砂锅内放入所有材料，加适量清水，
先武火烧沸，再改文火煲1.5小时，去掉
药袋，下盐调味即可。

黄芪

【科学指导】

牛肉能补脾胃，益气血，强
健筋骨，利水消肿，是补益
食疗佳品。当归有补血活
血、调经止痛、润肠通便之
功效。党参能补中益气，健
脾益肺。黄芪能补气固表，
利尿托毒。生姜能温胃，散
寒，止呕。此汤能补气养
血，调理脾胃，强壮筋骨，
尤其适合手脚冰凉、胃口不
好者食用。

魅力永葆滋养汤

虫草淮山乌鸡汤

乌鸡肉

淮山

【材料】

乌鸡半只（约400克），冬虫草5克，淮山50克，生姜2片，盐适量。

【做法】

①乌鸡洗净斩块，入沸水锅余烫片刻，捞出沥干水；冬虫草、淮山略洗；生姜略拍。

②砂锅内放入所有材料，加适量清水，先武火煲滚，再改小火煲1小时，下盐调味即可。

【科学指导】

乌鸡被称作"黑了心的宝贝"，是补虚劳、养身体的上好佳品。食用乌鸡可以提高生理机能，延缓衰老，强筋健骨，对防治骨质疏松、佝偻病、女性缺铁性贫血等症有显著功效。冬虫草有滋补肺肾、止咳定喘、补益阳气的作用。淮山能补益脾胃，益肺滋肾。常喝此汤能健脾胃，补肝益肾。

百科全说

乌鸡连骨(砸碎)熬汤滋补效果最佳。炖煮时不要用高压锅，使用砂锅文火慢炖最好。淮山营养的最大特点是含有大量的黏蛋白，它能防止脂肪沉积在心血管上，可减少皮下脂肪，因此有减肥作用。

魅力永葆滋养汤

虫草虾仁汤

【材料】
冬虫草10克，干虾仁30克，生姜2片，盐各适量。

干虾仁

【做法】
①干虾仁用温水浸发，洗净；生姜略拍；冬虫草略洗。
②砂锅内放入所有材料，加适量清水，先用武火煮沸，再改文火煲约40分钟，下盐调味即可。

【科学指导】
冬虫草是我国传统的名贵药膳滋补品，与人参、鹿茸一起被称为中国三大"补药"。其味甘，性平，具有补肺肾、止咳嗽、益虚损、养精气之功效。虾仁具有补肾壮阳、健胃的作用。此汤能补肾益肺，填精兴阳，尤其适合肾虚、阳痿或性欲减退者食用。

魅力永葆滋养汤

山药猪脬汤

益智仁

乌药

猪脬

【材料】

山药、益智仁（盐炒）、乌药各60克，猪脬1具。

【做法】

前三味共为细末，用纱布袋包好，扎紧袋口；将药袋与猪脬一同放入砂锅内，加入适量清水，先武火煲滚，再改文火煲约1.5小时。

【科学指导】

山药不燥不腻，能健脾补肺，益胃补肾，固肾益精，聪耳明目，助五脏，强筋骨，长志安神，延年益寿。益智仁能温脾暖肾，固气涩精。乌药能温肾暖膀胱。猪脬即猪的膀胱，又称猪尿泡，有补肾缩尿之功，主要用于肾气不固，遗尿或小便余沥不尽。此汤有益肾、固精、缩尿之功，适合因肾阳不足导致夜尿、遗尿者食用。

知多D

山药有收涩的作用，故大便燥结者不宜食用，有实邪者忌食山药。此外，山药不要与甘遂一同食用，也不可与碱性药物同服。

魅力永葆滋养汤

74

泥鳅虾汤

泥鳅不宜与狗肉同食，因狗肉与泥鳅相克，阴虚火旺者忌食。此外，螃蟹与泥鳅相克，功能正好相反，不宜同食。

【材料】
泥鳅250克，鲜虾100克，生姜2片，盐适量。

【做法】
①泥鳅在清水中养两天，期间换几次水，洗净滑溇；鲜虾去壳须，去头、尾、足，洗净。
②砂锅内放入所有材料，加入适量清水，先武火煮沸，再改文火煮约40分钟，下盐调味即可。

【科学指导】
泥鳅被誉为"水中人参"，是一种营养丰富的食品，其蛋白质、钙、磷、铁以及维生素含量很高，可补中益气，强精补血。虾的营养价值极高，能增强人体的免疫力和性功能，还能补肾壮阳，抗早衰。虾肉还有通乳抗毒、益气养血、化瘀解毒、通络止痛、开胃化痰等功效。此汤有补益脾胃、益肾助阳之功效，尤其适合有阳痿、早泄者食用。

泥鳅

虾

生姜

魅力永葆滋养汤

附片羊肉汤

羊肉

附片

胡椒

【材料】

附片3克，羊肉250克，生姜、葱各50克，胡椒6克，盐适量。

【做法】

①附片洗净，装入纱布袋内，扎紧袋口。

②羊肉洗净后切块，入沸水锅内，下少许生姜和葱，煮至羊肉呈断红色，捞出，晾凉后用清水漂洗一下。

③砂锅内放入羊肉、药袋、胡椒粉和剩下的生姜、葱，加入适量清水，先武火煮沸，改文火煲2小时至肉烂入味，下盐调味即可。

【科学指导】

附片属温里药，其味辛，性热，能回阳救逆，温补脾肾，散寒止痛。羊肉能温补脾胃，温补肝肾，补血温经，最适宜于冬季食用，故被称为冬令补品。生姜能温胃散寒，既能去除羊肉的膻气又可保持其风味。此汤能温暖脾胃，散寒止痛，适合有阳痿、早泄、遗精或滑精者食用。

烹饪提示

如果购买冷冻羊肉，可将其放在室内慢慢解冻，期间不时翻动，以缩短解冻时间。但千万不能用热水浸泡，更不要用火烤。

魅力永葆滋养汤

温润熨帖养颜粥

红枣桂圆栗子粥

桂圆

栗子

红枣

冰糖

【材料】

桂圆肉15克，栗子肉10个，大米100克，红枣5颗，冰糖少许。

【做法】

①栗子肉切碎；大米淘净；红枣、桂圆肉略洗。

②砂锅内放入大米和栗子肉，加适量清水，先大火烧沸，再改小火熬煮，粥将成时下桂圆肉、红枣稍煮片刻，下冰糖略煮即可。

【科学指导】

桂圆肉有补益心脾、养血安神、润肤美容等功效，适当食用对身体有补益作用。栗子有益气健脾、厚补胃肠的功效。大米能益脾和胃，除烦渴。红枣有养血安神、补中益气、缓和药性的功效。食用此粥能补心安神。

知多D

桂圆性温，味甘，极易上火，怀孕期间的女性，尤其是怀孕早期，最好别吃。但生完宝宝后就可以适当食用以滋补身体。

温润熨帖养颜粥

玫瑰花樱桃粥

【材料】

玫瑰5朵，大米100克，樱桃10枚，冰糖适量。

【做法】

①将新鲜玫瑰的花瓣轻轻摘下，洗净；大米淘净；樱桃略洗。

②砂锅内放入大米，加适量清水，先大火烧开，再改小火熬煮，粥将好时加入玫瑰花瓣、樱桃，下冰糖略煮即可。

【科学指导】

玫瑰花有行气解郁、活血止痛的作用。樱桃能补中益气，健脾益胃。樱桃的含铁量极高，常食既可防治缺铁性贫血，又可增强体质，健脑益智。大米能补中益气，健脾养胃。此粥有疏肝理气、解郁和血的功效，尤其适合胃口不好、月经不调者食用。

温润熨帖养颜粥

芡实薏米山药粥

薏米

【材料】
山药、薏米各30克，芡实15克，大米250克。

【做法】
将所有材料洗净后同放入砂锅内，加适量清水，先大火烧开，再改小火熬煮约1小时。

【科学指导】
山药含有淀粉酶、多酚氧化酶等物质，有利于脾胃消化吸收功能，是一味平补脾胃的药食两用之品。薏米有健脾、补肺、清热、利湿的功效，经常食用还可以保持皮肤光泽细腻。芡实能补中益气，为滋养强壮性食物。大米有健脾养胃、益精强志、聪耳明目等功效，被誉为"五谷之首"。此粥能健脾开胃，尤其适合用作小儿厌食症的保健食疗。

知多D

精米虽然好吃，但因过分加工而致营养损失严重。糙米则完整地保留了稻米中营养素最富集的种皮和胚芽。它含有丰富的维生素B和维生素E，能提高人体免疫力，促进血液循环，还能帮助人们消除沮丧烦躁情绪。因此多吃优质糙米更有益于身体健康。

温润熨帖养颜粥

杞子百合南瓜粥

煮南瓜的正确方法是，将南瓜放在冷水中煮，这样煮出的南瓜内外皆熟。煮南瓜粥也可以用此方法。

【材料】

南瓜、大米各150克，鲜百合15克，枸杞子10克，盐适量。

【做法】

①南瓜去皮、去籽，洗净，切成小块；鲜百合去皮，洗净，剥成瓣；大米淘净。

②砂锅内放入大米和南瓜块，加适量清水，先大火烧开，再改小火熬煮，待瓜熟米软，加入百合、枸杞子略煮片刻，下盐调味。

南瓜

鲜百合

【科学指导】

南瓜含有淀粉、蛋白质、胡萝卜素和维生素B、维生素C以及钙、磷等营养成分，经常食用可以润肺益气，还有美容效果。大米能补中益气，健脾养胃。鲜百合能润肺止咳，清心安神。枸杞子有补肾生精、益肝明目的功效。此粥能滋补肝肾，补虚养血。

温润熨帖养颜粥

赤小豆粥

【材料】
赤小豆10克，粳米50克，冰糖适量。

【做法】
赤小豆、粳米洗净后同放入砂锅内，加适量清水，先大火烧沸，再改小火熬煮成粥，最后下冰糖略煮即可。

【科学指导】
赤小豆味甘、酸，性平，入心、肺经，有行血补血、健脾去湿、利水消肿之功效。粳米能补中益气，平和五脏，止烦渴，止泻，壮筋骨，通血脉。此粥能益脾胃，尤其适合用作气血不足者的保健食疗。

赤小豆

糯米

养生有道

粳米煮粥营养丰富，又容易消化，便于吸收，可作为配合药疗的调养珍品。但煮米粥时千万不要放碱，因为米是人体维生素B_1的重要来源，碱能破坏米中的维生素B_1，会导致B_1缺乏，出现"脚气病"。

温润熨帖养颜粥

杏仁贝母粥

知多D

贝母是常用的化痰止咳药，其"家族"按产地和品种的不同，可分为川贝母、浙贝母和土贝母三大类，均有清热润肺、化痰止咳的功效。

【材料】

杏仁4克，浙贝母6克，粳米60克，冰糖适量。

【做法】

①将杏仁去皮、尖；浙贝母除杂质；粳米淘净。

②将杏仁、浙贝母、粳米一同放入砂锅中，加清水适量，先武火烧沸，再改文火熬煮，粥将成时下冰糖略煮即可。

杏仁

浙贝母

【科学指导】

浙贝母含有浙贝母碱等多种生物碱，有缓解支气管平滑肌痉挛、减少支气管黏膜分泌的功效。杏仁有祛痰止咳、平喘、润肠通便等作用。此粥能清肺化痰，止咳平喘，尤其适合春季患支气管炎的孩子食用。

温润熨帖养颜粥

芪枣糯米粥

黄芪

大枣

红糖

【材料】
黄芪50克，大枣5颗，糯米100克，红糖少许。

【做法】
①黄芪略洗后放入砂锅中，加清水适量，煎熬取汁。
②糯米、大枣洗净，连同黄芪汁一起放入砂锅内，加清水适量，先武火烧沸，再改文火熬煮，粥将熟时下红糖略煮即可。

【科学指导】
黄芪有补中益气、固表敛汗等功效。大枣有补虚益气、养血安神、健脾和胃等作用。大枣还有滋润肌肤、益颜美容之功。糯米是一种温和的滋补品，有补虚、补血、健脾暖胃等作用。此粥能益气固表，尤其适合春季患哮喘者食用。

养生有道

糯米制成的酒，可用于滋补健身和治病。如"天麻糯米酒"是用天麻、党参等配糯米制成，有补脑益智、护发明目、活血行气、延年益寿的作用。

温润熨帖养颜粥

芹菜双米粥

知多D

芹菜的钙、磷含量较高，所以它有一定镇静和保护血管的作用，还可强健骨骼，有效预防小儿软骨病。

【材料】
小米、大米各50克，芹菜200克，盐适量。

【做法】
①芹菜去根部，洗净，切成碎末；小米、大米淘净，用清水浸泡30分钟。
②将大米、小米同放入砂锅内，加适量清水，先大火烧开，再改小火熬煮，粥将成时下芹菜末稍煮片刻，下盐调味即可。

小米

芹菜

【科学指导】
芹菜中的膳食纤维可以促进肠道蠕动，能改善便秘，是一种理想的绿色减肥食品。芹菜富含铁质，可以有效补充女性的经期失血。大米能补中益气，健脾养胃。小米的维生素和矿物质含量均高于大米，用来熬粥营养丰富，有"代参汤"之美称。此粥能清热凉血，补脾健胃，很适宜春季食用。

温润熨帖养颜粥

85

胡萝卜粥

【材料】
胡萝卜2根，粳米50克，盐少许。

知多D

【做法】
胡萝卜洗净后去皮，切碎；粳米淘洗干净。将两者同放入砂锅内，加适量清水，先大火烧开，再改小火煮成粥，下盐调味即可。

【科学指导】
胡萝卜素有"小人参"之称，所富含的维生素A是骨骼正常生长发育的必需物质，对促进婴幼儿的生长发育有重要意义。粳米既能补中益气，又能健脾养胃。此粥能益气健脾，尤其适合用作小儿疳积的保健食疗。

胡萝卜有健脾和胃、补肝明目、清热解毒、透疹、降气止咳等功效，可用于肠胃不适、便秘、夜盲症、麻疹、百日咳、小儿营养不良等症。

胡萝卜

温润熨帖养颜粥

荷叶薏米双豆粥

扁豆

厨艺升级

最简单的做法就是，将新鲜荷叶和大米一同熬粥，食用时调入适量冰糖调味。此粥香甜爽口，是极好的清热解暑药膳。

【材料】

扁豆1大匙，荷叶半张，赤小豆、薏米各2大匙，山药、木棉花各15克，灯芯草少许，大米100克。

【做法】

①赤小豆、薏米淘净；山药去皮，洗净后切成块；扁豆洗净；荷叶洗净撕成小块；大米淘净。

②砂锅内放入所有材料，加适量清水，先大火烧沸，再改小火熬煮成粥。

荷叶

赤小豆

薏米

灯芯草

【科学指导】

木棉花有清热利湿、解毒、止血的作用。扁豆能化湿，消暑，消水肿。荷叶既能清热解暑，又能健脾升阳。山药能益气养心，健脾固涩。赤小豆、薏米都有很好的利湿作用，可消肿，解毒。灯芯草有清心降火、利尿通淋的功效。大米能补中益气，健脾养胃。此粥能消暑祛湿，是夏季湿热三伏之时的食疗养生佳品。

温润熨帖养颜粥

香菜排骨粥

【材料】

大米100克，排骨150克，香菜50克，熟猪油、盐、香油、胡椒粉各适量。

排骨

香菜

【做法】

①大米淘净；排骨洗净，斩小块，"飞水"；香菜洗净，切成碎末。

②砂锅内放入大米和排骨块，加适量清水，先大火烧开，再改用小火熬煮至米烂汤稠、排骨变酥时，下盐和熟猪油搅匀。食用时，将粥盛入碗中，淋上香油，撒上胡椒粉和香菜末即可。

【科学指导】

排骨有补肾养血、滋阴润燥之功。大米能滋阴润肺，健脾和胃。香菜为温中健胃养生食品，日常食之，有消食下气、醒脾调中等功效，适于寒性体质。此粥能补肾益气。

知多D

香菜能疏风散寒，润肺养胃，如果有正出麻疹的小孩，可以适量食用此粥，能缩短病程。香菜煮的时间不要超过20分钟，太久了不好吃，香味也没有了。

温润熨帖养颜粥

苹果蔬菜粥

生吃西红柿能补充维生素C，熟食则能补充抗氧化剂。但脾胃虚寒者及月经期间的女性不宜生吃。

【材料】

大米100克，芹菜、苹果、甜玉米粒、西红柿、圆白菜各20克，香菇1朵，姜1片，盐适量。

【做法】

①苹果洗净，去皮、核后切成小块；西红柿洗净，去皮后切块；圆白菜洗净，切块；香菇、甜玉米粒洗净；芹菜洗净，切段；大米淘净。
②砂锅内放入所有材料，加适量清水，先大火烧开，再改小火熬煮，粥将成时下盐调味。

芹菜

苹果

玉米

番茄

圆白菜

香菇

【科学指导】

苹果富含胶质和纤维，吃苹果既能减肥，又能帮助消化。番茄所含的苹果酸、柠檬酸和糖类，有助消化的功能。白菜营养丰富，素有"菜中之王"的美称。玉米的营养价值和保健作用是所有主食中最高的。芹菜富含膳食纤维，能润肠通便。此粥能利尿通便，是减肥瘦身的营养粥膳。

温润熨帖养颜粥

莲枣山药薏米粥

薏米

莲子

大枣

【材料】

山药、薏米各15克，莲子10克，大枣5颗，粳米50克，冰糖适量。

【做法】

①山药、薏米、莲子、粳米分别洗净；大枣洗净去核。

②砂锅内放入所有材料，加适量清水，先大火烧开，再改小火熬煮，粥将成时下冰糖略煮即可。

【科学指导】

山药能益气养阴，补脾肺肾。薏米能健脾益胃，补肺清热。莲子有补脾止泻、养心安神等功效。粳米能补中益气，健脾养胃。红枣有养血安神、补中益气的作用。此粥能补中益气，健脾养胃。常食此粥还有美白、细嫩肌肤、祛痘的作用。

养生有道

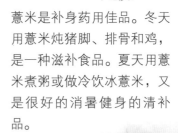

薏米是补身药用佳品。冬天用薏米炖猪脚、排骨和鸡，是一种滋补食品。夏天用薏米煮粥或做冷饮冰薏米，又是很好的消暑健身的清补品。

温润熨帖养颜粥

花生核桃猪骨粥

知多D

花生能滋养补益，有助于延年益寿，在民间有"长生果"之称，并且和黄豆一同被誉为"植物肉"、"素中之荤"。

【材料】

花生仁、核桃仁各100克，猪筒骨500克，粳米100克，姜丝、盐各适量。

花生仁

【做法】

①花生仁、核桃仁分别洗净；猪筒骨洗净，斩块，"飞水"；粳米淘净。

②将猪筒骨、粳米同放砂锅中，加清水适量，大火烧开，下花生仁、核桃仁和姜丝，改小火熬成粥，下盐调味即可。

核桃仁

【科学指导】

花生仁富含优质的蛋白质和脂肪，经常食用能强身健体。核桃仁有健脾养血、温肺定喘、润肠通便之功。猪筒骨能益力气，补虚弱，强筋骨。粳米能补中益气，健脾养胃。此粥有滋肝益肾、强筋补髓之功。

温润熨帖养颜粥

大枣双耳粥

黑木耳

银耳

【材料】
黑木耳、银耳各10克，粳米100克，大枣5颗，盐适量。

【做法】
①将木耳与银耳用清水浸发，洗净撕成小块；粳米洗净；大枣洗净、去核。
②将所有材料一同放入砂锅内，加清水适量，先大火烧沸，再改小火熬煮成粥，下盐调味即可。

【科学指导】
黑木耳有凉血补血、益气止痛之功。银耳有益胃、补气、和血、补脑、提神、美容、嫩肤的作用。大枣能补益脾胃，调和药性。粳米能补中益气，健脾养胃。此粥有滋阴润肺、益气止血之效。

美丽分享

用银耳加上木瓜、红枣、枸杞子、桂圆或者莲子、百合等一起熬来经常食用，不仅能美白肌肤，还能调节内分泌。

温润熨帖养颜粥

生姜葱白粥

知多D

此粥专治由外感风寒引起的头痛、浑身酸痛、乏力、发热等症，特别是在感冒初起3天内食用，可收到"粥到病除"的奇效。但要趁温热食用，吃完后要卧床盖被，微热而出少量汗。

【材料】

葱白5根，生姜4片，大米100克。

【做法】

①生姜洗净、切丝；葱白洗净、切粒；大米淘净。

②砂锅内放入大米和姜丝，加水适量，先大火烧沸，再改小火熬煮，最后下葱白稍煮即可。

葱白

姜

【科学指导】

生姜有温暖、兴奋、发汗、止呕、解毒等作用。大米能补中益气，健脾养胃。葱白可发散风寒，有发汗解表的作用。但发汗作用较弱，主要用于感冒轻症。此粥又叫"神仙粥"，能散寒解表，尤其适合患风寒感冒者食用。

温润熨帖养颜粥

竹荷绿豆粥

绿豆

鲜荷叶

【材料】

绿豆50克，鲜荷叶1张，鲜竹叶20片，粳米100克，红糖适量。

【做法】

①鲜荷叶、鲜竹叶分别洗净，剪成小片，同置砂锅中，加适量清水，煎30分钟，弃渣取汁。

②将绿豆、粳米洗净后同放砂锅内，加入药汁与适量清水煮成粥，最后下红糖略煮。

【科学指导】

绿豆有清热解毒之功。在炎炎夏日，绿豆汤是老百姓最喜欢的消暑饮料。绿豆粥也有类似功效。竹叶能清热除烦，生津利尿。荷叶能清热，解暑，辟秽。粳米能补中益气，健脾养胃。此粥有清热解毒、止渴利尿之功，十分适合用于预防夏季中暑。

烹饪提示

如何将豆子煮至酥烂？先将绿豆泡入沸水中焖煮20分钟，然后撇去上面的浮壳，再煮15分钟，绿豆就开花酥烂，加冰糖即成碧绿的绿豆汤了。

温润熨帖养颜粥

枸杞党参粥

【材料】
枸杞子、党参各10克，粳米100克，盐适量。

【做法】
①粳米淘净；枸杞子、党参略洗。
②砂锅内放入所有材料，加适量清水，先大火烧沸，再改小火熬煮，粥将成时下盐调味。

【科学指导】
枸杞子有滋补肝肾、益精明目之功效，"久服坚筋骨，轻身不老，耐寒暑"。党参有补中益气、健脾益肺的作用，常用作补气药，适用于各种气虚不足者，常与黄芪、白术、山药等配伍使用。粳米能补中益气，健脾养胃。此粥有补肾益精、养血益肝之功。

选购技巧

选购党参和玉竹时，要尽量挑色泽自然的，而不要买新鲜得可疑的、保质期特别长的。在食用前，最好用清水浸泡30分钟以上，再用清水冲洗几遍，以降低二氧化硫残留。

枸杞子

党参

温润熨帖养颜粥

银耳龙杏粥

龙眼肉

银耳

杏仁

【材料】

银耳15克，龙眼肉、杏仁各20克，粳米100克，冰糖适量。

【做法】

①银耳用清水浸软，去根蒂，撕小朵；粳米淘净；龙眼肉、杏仁略洗。

②砂锅内放入所有材料，加适量清水，先大火烧沸，再改小火熬煮，最后下冰糖调味。

【科学指导】

银耳有润肺生津、滋阴养胃、益气安神、强心健脑等作用。龙眼肉能补益心脾，养血安神。杏仁有止咳、平喘、祛痰、润肺等功效。粳米能补中益气，健脾养胃。此粥有滋阴润肺、养心之效。

美丽分享

杏仁是一种美容保健佳品，其吃法有很多种，可以磨成粉冲水喝，可以煮粥吃，还可以煮糖水等等。杏仁红枣桂圆糖水有抗氧化的美容效果，尤其适合女性在月经期食用，不仅能吃出好身材，还能暖肠胃。

温润熨帖养颜粥

茅根赤豆粥

养生有道

茅根还可以和马蹄、甘蔗一同煮水喝，有清润解毒、清热利尿的功效，最适宜夏季大暑天饮用。

【材料】
鲜茅根100克，赤小豆150克，粳米100克。

【做法】
①鲜茅根洗净后放入砂锅内，加适量清水，煎煮20分钟，弃渣取汁。
②粳米、赤小豆洗净，一同放入砂锅中，加入茅根汁及适量清水，先大火烧沸，再改小火煮成粥。

茅根

赤小豆

【科学指导】
茅根不仅能凉血益血，清热利尿，还能清肺热，但脾虚胃寒者忌。赤小豆有行血补血、健脾祛湿、利水消肿之功效。粳米能补中益气，健脾养胃。白茅根与赤小豆一同熬粥，白茅根为凉性利尿药，与赤小豆同煮，可增强利尿作用，能清热解毒，利水消肿。

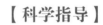

温润熨帖养颜粥

龙杞鸽蛋粥

龙眼肉

枸杞子

【材料】

龙眼肉、枸杞子各10克，鸽蛋4个，粳米100克，冰糖适量。

【做法】

①龙眼肉、枸杞子略洗；鸽蛋煮熟剥去外壳。

②粳米淘净后放砂锅内，加适量清水，先大火烧开，再改小火熬煮，粥将成时下龙眼肉、枸杞子、鸽蛋，最后下冰糖略煮即可。

【科学指导】

龙眼肉有补益心脾、养血安神之功。枸杞子有滋补肝肾、益精明目等作用。鸽蛋有"动物人参"之称，有滋阴润燥、养血等功效。粳米有补中益气、健脾养胃作用。此粥既滋补肝肾，又养血安神，不仅适用于贫血者，也适合有失眠、心神不宁、焦虑等症状的亚健康人士食用。

知多D

准备怀宝宝的妈妈们经常食用鸽蛋，不仅能滋补身体，还有改善皮肤细胞活力、增强皮肤弹性、改善血液循环、清热解毒等功效。

温润熨帖养颜粥

98

鲤鱼糯米粥

鲤鱼是发物，有慢性病者不宜食用，身体过于虚弱者也要少食。在用异烟肼治疗结核病过程中，食用鲤鱼容易发生不同程度的过敏症状。

【材料】

鲤鱼1条，糯米30克，生姜1片，葱白、豆豉各少许，盐适量。

【做法】

①鲤鱼去鳞、鳃及肠杂，洗净后抹干水。烧热锅下油，下姜片略爆，放入鲤鱼煎至两面呈金黄色时盛起。

②将煎好的鲤鱼与洗净的糯米和葱白、豆豉同放砂锅内，加清水适量，先大火烧开，再改小火熬煮，粥将好时下盐调味。

【科学指导】

鲤鱼的蛋白质不但含量高，而且质量也佳，能供给人体必需的氨基酸、矿物质和维生素A、D。鲤鱼有利尿消肿、止咳下气、清热解毒的功效。糯米有补中益气、健脾养胃的作用。此粥能健脾开胃，利水消肿。

鲤鱼

糯米

豆豉

温润熨帖养颜粥

章鱼猪蹄粥

章鱼

猪蹄

【材料】

章鱼100克，猪蹄1只，大米100克，姜丝、葱末各少许，盐、料酒、胡椒粉、香油各适量。

【做法】

①章鱼洗净，切片；猪蹄去杂毛，洗净，斩成小块，与章鱼一同"飞水"；大米洗净。

②砂锅内放入猪蹄块和大米，下姜丝、葱末，溅料酒，加适量清水，先大火煮沸，再改小火熬煮，待粥五成熟时加入章鱼片煮至粥熟，下盐、胡椒粉和香油调匀即可。

【科学指导】

章鱼含有丰富的蛋白质、矿物质等营养元素，尤其适宜体质虚弱、气血不足、营养不良之人食用。猪蹄富含胶原蛋白质，能增强皮肤弹性和韧性，对延缓衰老和促进儿童生长发育具有特殊意义。常食猪蹄有美容养颜、丰胸健乳的功效。此粥能补益气血。

知多D

猪蹄中的胆固醇含量较高，胃肠消化功能较弱的人，尤其是小孩和老人，一次不能吃太多。

温润熨帖养颜粥

甜蜜温馨靓糖水

红豆沙汤圆糖水

红豆

【材料】

红豆100克，汤圆10粒，冰糖适量。

【做法】

红豆洗净后放入砂锅内，加适量清水煮至起沙，再放入汤圆和冰糖，煮至汤圆浮起即可。

【科学指导】

红豆有清热解毒、健脾益胃、利尿消肿、通气除烦等作用。红豆含有较多的膳食纤维，有良好的润肠通便、健美减肥的功效，是老幼皆宜的保健佳品。汤圆是一种以糯米为主要成分而制作的一类黏甜性美食。糯米能补中益气，为温养脾胃的佳品。此款糖水有健脾、利水、养血、安神的作用。

知多D

春季的饮食应少吃酸味，多吃甜味，以养育脾脏之气。所以正月十五元宵节吃汤圆这种传统的过节形式，对健康是很有益处的。

甜蜜温馨靓糖水

杏仁薏米糖水

【材料】

薏米15克，杏仁5克，冰糖适量。

【做法】

薏米、杏仁分别洗净。将薏米放入锅内，加适量清水，先武火烧沸，再改文火煮至半熟，下杏仁，继续用文火煮至熟烂，下冰糖略煮即可。

【科学指导】

薏米有利水渗湿、补脾、清热排毒的功效。杏仁分为甜杏仁及苦杏仁两种。前者多作食用，有润肺、止咳、滑肠等功效；后者多作药用，有润肺、平喘的作用。此糖水能止咳润肺，尤其适合用作小儿百日咳的保健食疗。

薏米

杏仁

美丽分享

薏米还可以和红豆搭配煮粥，既祛湿，又补心，还能健脾胃。薏米和红豆都有利水、消肿的作用，常食此粥会有不错的减肥瘦身功效。

甜蜜温馨靓糖水

双色豆薯糖水

绿豆

红豆

【材料】

红豆、绿豆各50克，黄心番薯、紫心番薯各1个，冰糖适量。

【做法】

①红豆、绿豆洗净后同放入砂锅内，加适量清水煮至刚开花。

②黄心番薯、紫心番薯去皮，洗净后切块，同放入砂锅内熬煮至熟，下冰糖略煮即可。

【科学指导】

红豆富含铁质，有补血的作用，是女性生理期的滋补佳品。绿豆有清热解毒、消暑止渴的作用。番薯的含热量非常低，还含有一种类似雌性激素的物质，是美容养颜的佳品。此糖水能补脾养血，润肠通便。

美丽分享

爱美的女性可以多喝红豆莲子百合糖水，莲子乃著名滋补佳品，有养心安神、健脑益智、消除疲劳的功效；百合能补中益气，温肺止咳。这款糖水补血又滋润，有养肤和内调的食疗功效。

甜蜜温馨靓糖水

雪梨川贝糖水

选购技巧

花朵白皙且大朵的菊花其实不是最好的，那种又小又丑且颜色泛黄的菊花才是上乘佳品。

【材料】

雪梨1个，川贝母、桔梗各3克，菊花9克，冰糖适量。

【做法】

雪梨洗净后去核切小块，与川贝母、桔梗、菊花一同放入砂锅内，加适量清水煎煮1小时，下冰糖略煮即可。

【科学指导】

雪梨有生津止渴、润燥化痰、润肠通便的功效。川贝母不仅有良好的止咳化痰功效，而且能养肺阴、宣肺、润肺而清肺热。桔梗能祛痰止咳，并有宣肺、排脓的作用。菊花能疏散风热，清肺润肺，清肝明目。冰糖有润肺、止咳、清痰和去火的作用。此糖水有疏表清肺、止咳祛痰之效，尤其适合用作小儿咳嗽的保健食疗。

雪梨

川贝母

桔梗

甜蜜温馨靓糖水

黑木耳红枣糖水

【材料】
黑木耳20克，红枣10颗，老姜1小块，红糖适量。

【做法】
①黑木耳用温水泡发后洗净杂质，摘除根蒂；老姜洗净，拍松；红枣洗净、去核。
②砂锅内放入所有材料，加适量清水，先大火烧沸，再改文火炖至黑木耳熟软，下红糖略煮即可。

【科学指导】
黑木耳含铁量很高，是一种非常好的天然补血食品。老姜能够温中散寒，红枣有调气血、通经络的作用，红糖有化瘀生津、散寒活血、缓解疼痛的功效。此糖水有补血、活血、润燥的养生功效，对缓解女性的痛经有一定的功效。

黑木耳

老姜

知多D

"黑五类"主要指黑木耳、黑芝麻、黑豆、黑米、黑枣。黑色食品不但营养丰富，且多有补肾、抗衰老、保健益寿、防病治病、乌发美容等独特功效。

甜蜜温馨靓糖水

红枣花生糖水

养生有道

花生富含不饱和脂肪酸，不含胆固醇，含有丰富的膳食纤维，是天然的低钠食物，每天吃适量的生花生（不超过50克），对养胃健脾大有好处。

【材料】

红衣花生仁150克，红枣15颗，红糖适量。

【做法】

红枣洗净后去核，与洗净的红衣花生仁同放入砂锅中，加适量清水，先大火烧开，再改文火煮1小时，下红糖略煮即可。

【科学指导】

花生被誉为"长生果"，蛋白质含量丰富，其营养价值可与动物性食品鸡蛋、牛奶、瘦肉等媲美，且易于被人体吸收利用，经常食用能起到滋补益寿作用。红枣是天然的美容食品，有益气健脾、补血养颜之功效。此糖水能补中益气，健脾养血。

红衣花生仁

红枣

甜蜜温馨

鲜藕莲子糖水

莲子

莲藕

【材料】

莲子50克，鲜藕100克，冰糖适量。

【做法】

①鲜藕洗净，去皮，切片。
②莲子用清水浸透捞出，放砂锅内，加适量清水煮至熟软，再下鲜藕煮约30分钟，下冰糖略煮即可。

【科学指导】

莲子有养心安神、健脑益智、消除疲劳等功效，常吃能健身延年。藕含有大量的膳食纤维和黏液蛋白，有利于清宿便，排肠毒，有美容减肥的功效。生藕有很好的凉血去热功效，尤其适合比较容易上火、冒痘痘者。熟藕，其性由凉变温，有养胃滋阴、健脾益气的功效。此糖水能清心降火，生津止渴。

百科全说

莲子最忌受潮受热，受潮容易虫蛀，受热则莲子心的苦味会渗入莲肉。因此，莲子应存放在干爽阴凉处。

甜蜜温馨观糖水

紫红番薯糖水

要想这个糖水做出来更加香甜，口感更好，可以在锅里放一点花生油，放片生姜爆一下锅，下削了皮的番薯爆炒一下。番薯是属于凉性的食物，用生姜搭配可以中和一下。

【材料】

红心番薯、紫心番薯各1个，冰糖适量。

【做法】

将红心番薯、紫心番薯去皮，洗净，切块，同放入砂锅内，加适量清水煮熟，下冰糖略煮即可。

冰糖

【科学指导】

红薯是一种理想的减肥食品，其富含的膳食纤维能润肠通便。紫心番薯的营养含量比普通番薯还多，所含的多种氨基酸和胡萝卜素能补充人体营养不足，而其富含的钙质能促进小儿骨骼的生长，也能防止中老年人骨质疏松症。此糖水能养血安神，润肠通便。

甜蜜温馨靓糖水

薄荷绿豆糖水

【材料】
绿豆200克，薄荷15克，冰糖适量。

绿豆

薄荷

【做法】
①绿豆去杂，洗净，用清水浸泡2小时；薄荷用清水浸泡。

②砂锅内放入绿豆，用武火煮至绿豆开花，加入薄荷，再煮沸，捞出薄荷，下冰糖略煮即可。

【科学指导】
绿豆有清热解毒、消暑益气、止渴利尿的功效。薄荷香味特殊，有疏散风热、疏肝解郁的作用。此糖水有清热解暑、除烦止渴的作用，为夏季常用养生糖水，还可以预防中暑。

知多D

绿豆的清热之力在皮，解毒之功在内。因此，如果想清热消暑，只需要喝清汤就可以有很好的消暑功效。如果是为了清热解毒，最好把豆子煮烂了连汤一起吃。

甜蜜温馨靓糖水

马蹄西米露

此款糖水中还可加入绿豆。马蹄、西米及绿豆均含有丰富的食物纤维，而马蹄还含有糖粉、蛋白质、铁、钙、磷和多种维生素等营养成分。这款糖水有养颜美容功效，尤其适合容易便秘者食用。

【材料】

马蹄150克，西米100克，冰糖适量。

【做法】

①将马蹄洗净，削皮，切碎。

②将马蹄与西米同放入砂锅中，加适量清水，先大火煮沸，再改文火煮至西米透明，下冰糖略煮即可。

马蹄（去皮）

西米

【科学指导】

西米能健脾、补肺、化痰，适宜体质虚弱、消化不良、神疲乏力者食用。马蹄能清热化痰，生津开胃，明目清音。由于马蹄性寒，因此身体虚弱或者有遗尿的小孩应避免食用。此糖水不仅口感极好，而且还能清热利湿。

甜蜜温馨靓糖水

银耳黄豆鹅蛋糖水

黄豆

银耳

【材料】

银耳15克，黄豆30克，鹅蛋2个，冰糖适量。

【做法】

①银耳用清水泡发，摘除根蒂；黄豆用清水浸2小时；鹅蛋先煮熟，去壳后每个切成4小块。

②将银耳、黄豆同放入砂锅中，先大火煮沸，再改文火煮1小时，下冰糖和鹅蛋块稍煮即可。

【科学指导】

鹅蛋能补中益气，在寒冷季节适当食用可补益身体，抵御寒冷。银耳被誉为"菌中之冠"，既是名贵的滋补佳品，又是扶正强壮之补药。银耳尤其适合阴虚火旺、免疫力低下、体质虚弱、肺燥干咳、便秘者食用。

美丽分享

银耳是一种含粗纤维的减肥食品，配合丰胸效果显著的木瓜同炖，可谓是"美容美体佳品"。

甜蜜温馨靓糖水

花生芋头糖水

【材料】
花生仁50克，芋头1个，植物油、冰糖各适量。

【做法】
①芋头洗净，去皮，切丁；花生仁略洗。
②砂锅内下少许油，放入芋头和花生略炒，加适量清水煮至芋头和花生熟透，下冰糖略煮即可。

【科学指导】
花生不仅是一种营养食品，也是一味中药，适用于营养不良、脾胃失调、咳嗽痰喘等症。芋头为碱性食品，能中和体内积存的酸性物质，调整人体的酸碱平衡，有美容养颜、乌黑头发的作用。芋头还有增进食欲、帮助消化、补中益气的作用。此糖水能补气益气。

芋头

花生

烹饪提示

芋头的黏液中含有一种复杂的化合物，对皮肤黏膜有较强的刺激作用。因此在给芋头削皮时，最好戴上手套，否则手部皮肤会发痒。

甜蜜温馨甜糖水

双耳糖水

【材料】
黑木耳、银耳各15克，冰糖适量。

【做法】
①黑木耳、银耳用清水泡发，洗净，去根蒂，撕成小朵。
②将黑木耳和银耳同放入砂锅内，加适量清水，先大火烧沸，再改文火煮约1小时，下冰糖略煮即可。

【科学指导】
常吃黑木耳可促进肠道脂肪食物的排泄，减少食物中脂肪的吸收，从而起到减肥瘦身的作用。黑木耳还有较强的吸附作用，经常食用能起到清宿便、排肠毒的作用。银耳作为一种滋补佳品，有补脾开胃、益气清肠、滋阴润肺之功效。此糖水能滋阴补肾。

黑木耳

银耳

选购技巧
银耳以颜色偏黄、无刺鼻气味、瓣大形似梅花者为佳品。颜色洁白的银耳有可能是用硫磺熏蒸所致。

甜蜜温馨靓糖水

银耳莲子糖水

【材料】
银耳15克，莲子肉30克，枸杞子10颗，冰糖适量。

莲子

【做法】
①将银耳用清水泡发，洗净，去根蒂，撕成小朵；莲子洗净，用清水浸透；枸杞子略洗。
②砂锅内放入银耳和莲子，加适量清水，先大火烧开，改文火煲1小时，下冰糖略煮，再加枸杞子点缀即可。

枸杞子

【科学指导】
历代皇家贵族将银耳看作是"延年益寿之品"、"长生不老良药"。银耳的特点是滋润而不腻滞，对阴虚火旺不受参茸等温热滋补的人是一种良好的滋补品。莲子能补脾止泻，养心安神，经常食用可以健脑益智，增强记忆力。枸杞子有滋补肝肾、益精明目和增强人体免疫力的功效。此糖水滋阴润燥，补脾健胃。

知多D
枸杞子温热身体的效果相当强，正在感冒发烧、身体有炎症、腹泻的人最好别吃。

甜蜜温馨靓糖水

绿豆薏米海带糖水

绿豆

薏米

【材料】

绿豆、薏米各30克，干海带20克，冰糖适量。

【做法】

①绿豆、薏米去杂后分别洗净；海带用清水浸透，反复刷洗，去除泥沙，切成小条。

②将绿豆、薏米和海带条一同放入砂锅中，加适量清水，先大火烧开，再改小火煲2小时，下冰糖略煮即可。

【科学指导】

绿豆有清热解毒、消暑止渴的功效。薏米有利水渗湿、补脾、清热排毒的作用，还有保健美容的功效。海带有消痰平喘、通行利尿等功效。海带中褐藻酸钠盐有预防白血病的作用。此糖水能清热解毒，尤其适合用作小儿湿疹的保健食疗。

甜蜜温馨靓糖水

烹饪提示

海带中含有褐藻胶，水不易渗入，要长时间熬煮才能使其熟软。

闲暇时光贴心茶

红枣蜂蜜茶

蜂蜜

红枣

【材料】

红枣10颗，蜂蜜10毫升。

【做法】

将红枣置砂锅中，加清水适量，煎沸20分钟，滤渣取汁，加入蜂蜜调匀。

【科学指导】

红枣最突出的特点是维生素含量高，有"天然维生素丸"的美誉。红枣有滋润肌肤、益颜美容之功效，民间有"一日吃三枣，百岁不显老"之说。蜂蜜有补中润燥、止痛、解毒的功效。此茶有益气养血的功效，尤其适合气血不足、气色不佳、经常失眠者饮用。

养生有道

红枣有很好的补血效果，但有下列情况的女性最好别吃：月经期间有眼肿或脚肿、腹胀现象者不适合吃红枣，否则水肿的情况会更严重；体质燥热者不适合在月经期吃红枣，否则会造成月经量过多。

闲暇时光贴心茶

麦冬菊花茶

【材料】
麦冬、菊花、金银花、钩藤各6克。

【做法】
将以上四味用沸水冲泡，加盖闷5~10分钟。

【科学指导】
菊花能散风清热，平肝明目。金银花既能宣散风热，还善清解血毒，常用于各种热性病，如发热、发疹、发斑、热毒疮痈、咽喉肿痛等症，均效果显著。麦冬有养阴生津、润肺清心之功效。钩藤有清热平肝、息风定痉的作用。常喝此茶能清热解毒，滋阴生津，平肝明目，很适宜春季饮用。

麦冬

金银花

菊花

钩藤

百科全说

在盛夏酷暑之际，喝金银花茶不仅能预防中暑、肠炎、痢疾等症，还可以预防小孩夏季热疖的发生。夏末至中秋季节，用金银花配以黄连、黄芩，煎成汤剂口服，能有效防治细菌性痢疾、肠炎。

闲暇时光贴心茶

山楂茶

山楂干

【材料】

山楂干15克。

【做法】

将山楂干用沸水冲泡，加盖闷5~10分钟。

【科学指导】

山楂有开胃消食、化滞消积、活血散瘀、化痰行气之功。与其他药物配伍可提高山楂疗效。配麦芽，消食导滞；配木香，行气止痛；配川芎，行气活血；配白术，健脾燥湿。生山楂中含有丰富的钙和胡萝卜素，钙含量居水果之首，胡萝卜素含量仅次于枣核猕猴桃，最适合小孩食用。此茶能健脾消食，尤其适合消化不良者饮用。

知多D

生山楂去核后捣碎，每次取10克，以鸡蛋清调成糊状，薄薄地敷在脸上，保留1小时后洗净，每天早晚各1次。敷上药糊后可轻轻按摩面部，以助药力渗透。此方既可调畅面部气血，又能润肤消斑，故对老人斑有较好疗效。

杞菊明目茶

【材料】
枸杞子15克，菊花、木贼各10克。

【做法】
将三味中药置砂锅中，加清水适量，煎沸20分钟，滤渣取汁。

【科学指导】
枸杞子有滋补肝肾、益精明目的作用。菊花有散风清热、平肝明目的功效。木贼能疏散风热，明目退翳。《本草纲目》记载："木贼，与麻黄同形同性，故亦能发汗解肌，升散火郁风湿，治眼目诸血疾也。"常喝此茶能滋补肝肾，清肝明目。

养生有道

其实不加其他茶叶，只将干燥后的菊花泡水或煮来喝就可以，冬天热饮、夏天冰饮都是很好的饮料。长期用电脑的上班族可以经常泡杯菊花茶来喝，能有效缓解眼睛疲劳、视力模糊等症状。

枸杞子

菊花

木贼

闲暇时光贴心茶

麦芽茶

麦芽

红茶

【材料】

麦芽25克，红茶适量。

【做法】

麦芽用水煎沸5分钟后，趁热加入红茶即成。

【科学指导】

麦芽有行气消食、健脾开胃的作用。红茶有提神消疲、生津清热、利尿、消炎杀菌、解毒的功效。此外，红茶还有防龋、健脾胃、抗辐射等功效。此茶能健脾胃，助消化，尤其适合厌食或消化不良者饮用。

百科全说

空腹喝绿茶会感到胃不舒服。而红茶就不一样了，它是经过发酵烘制而成，茶多酚在氧化酶的作用下发生酶促氧化反应，含量减少，对胃部的刺激性就随之减小。另外，这些茶多酚的氧化产物还能够促进人体消化，因此红茶不仅不会伤胃，反而能够养胃。

闲暇时光贴心茶

122

百合麦味茶

【材料】
百合、麦冬各10克，五味子、杏仁各5克，绿茶适量。

【做法】
将上述中药与绿茶用沸水冲泡，加盖闷5~10分钟。

【科学指导】
百合有润肺止咳、养阴消热、清心安神之效。麦冬能养阴生津，润肺清心。五味子所含的五味子素对人体的中枢神经系统有兴奋作用，且能提高人体淋巴细胞转化率，增强机体免疫功能，还有抗衰老作用。杏仁有祛痰止咳、平喘、润肠、下气开痹的功效。此茶有滋阴、润肺、止咳之功，最适合秋季燥咳时饮用。

知多D

五味子有镇静、强壮、安神的功效。取五味子和桂圆肉各100克，用水煎煮，去渣取汁，兑入蜂蜜。这款茶饮对气血不足、失眠多梦、头昏心悸的亚健康人士有不错的保健功效。

百合

麦冬

五味子

杏仁

闲暇时光贴心茶

芪枣石菖蒲茶

石菖蒲

黄芪

红枣

【材料】

石菖蒲20克，黄芪10克，红枣10颗。

【做法】

将诸药置砂锅中，加清水适量，煎沸20分钟，滤渣取汁。

【科学指导】

石菖蒲有化湿开胃、开窍豁痰、醒神益智的作用。石菖蒲能开心窍，益心智，安心神，聪耳明目。黄芪有补气固表、利尿托毒、排脓、敛疮生肌的功效。红枣有补脾和胃、益气生津、调营卫的作用。常喝此茶能益智宁神，补气养血。

养生有道

有的人一遇天气变化就容易感冒，中医称之为"表不固"。此时，最简单的防治办法就是用黄芪泡茶来固表，这样能够在一定程度上预防感冒。在吃黄芪的时候，再配上些有温补身体功效的枸杞子，效果会更好。

闲暇时光贴心茶

莲心麦冬茶

【材料】
麦冬15克，莲心10克。

【做法】
将二味药置砂锅中，加清水适量，煎沸20分钟，滤渣取汁。

【科学指导】
麦冬有养阴生津、润肺清心的作用。莲子中间青绿色的胚芽叫莲心，不仅有清热、安神的功效，还能缓解因压力过大而致睡眠不好的亚健康症状。此茶能清心安神，尤其适合用脑过度、压力过大、考前紧张者饮用。

美丽分享

冬季适当吃点苦味食物，不仅能消除体内的"火"，还能达到减肥的效果。介绍一款瘦身莲心绿茶。材料：莲心3克，绿茶适量。做法：将莲心与茶叶一起放入茶杯内，用烧沸的开水冲泡，加盖闷5分钟即可。饭后饮用。

麦冬

莲心

闲暇时光贴心茶

石斛桑葚茶

桑葚

熟地

石斛

【材料】

桑葚20克，熟地、石斛各15克。

【做法】

将上述三味置砂锅中，加清水适量，煎沸20分钟，滤渣取汁。

【科学指导】

桑葚被称为"21世纪最佳保健果品"，既可食用，又可入药，有补血滋阴、生津润肠、乌发明目等作用，常食能显著提高人体免疫力，具有延缓衰老、美容养颜的功效。熟地有补血滋阴、填精益髓的作用。石斛有益胃生津、滋阴清热的功效。石斛含石斛碱、黏液质、淀粉等，有一定解热镇痛作用，还能促进胃液分泌，助消化，以及增强新陈代谢等。此茶有益胃生津、固齿之功。

养生有道

石斛可以作为保健茶长期饮用。著名京剧演员梅兰芳独树一帜的"梅腔"与其长期饮用中药石斛水护嗓清咽有关。如果另外再配上一些麦冬、菊花，润喉、护嗓的效果会更加显著。

闲暇时光贴心茶

126

桑菊茶

百科全说

桑叶善于散风热而泄肺热，对外感风热、头痛、咳嗽等，常与菊花、银花、薄荷、前胡、桔梗等配合应用。桑叶还可以清肝火，对肝火上炎的眼睛发涩肿痛，可与菊花、决明子、车前子等配合应用。

【材料】
桑叶、菊花各15克。

【做法】
将桑叶、菊花同置砂锅中，加清水适量，煎沸20分钟，滤渣取汁。

【科学指导】
桑叶有疏散风热、清肺润燥、养阴生津、清肝明目的作用。菊花有散风清热、平肝明目的功效。菊花不仅有观赏价值，而且药食兼优，有良好的保健功效。用菊花泡茶，气味芳香，可消暑，生津，祛风，润喉，养目，解酒。常喝此茶能清肝明目。

桑叶

菊花

闲暇时光贴心茶

白芷黄芪茶

【材料】
炙黄芪30克，白芷、防风各10克。

【做法】
将三味药置砂锅中，加清水适量，煎沸20分钟，滤渣取汁。

【科学指导】
黄芪有补气固表、利水退肿、托毒排脓、生肌等功效。黄芪含皂甙、蔗糖、多糖、多种氨基酸、叶酸及硒、锌、铜等多种微量元素，有增强机体免疫功能和较广泛的抗菌作用。白芷有祛风解表、散寒止痛、除湿通窍、消肿排脓的功效。防风能祛风解表，胜湿止痛，止痉。此茶能补脾益肺，解表通窍，尤其适合鼻炎患者饮用。

黄芪

白芷

防风

知多D

炙黄芪又名蜜炙黄芪、蜜黄芪。为黄芪片用蜂蜜拌匀，炒至不粘手时取出摊晾，而后入药者。其补气润肺功效增强。